高等学校教材

# 物理化学简明教程

彭　程　周瀚成　编

化学工业出版社

·北京·

《物理化学简明教程》系统讲授了热力学、电化学、动力学、界面和胶体化学四个部分内容，共分为9章。其中第1章为热力学第一定律；第2章为热化学；第3章为热力学第二定律；第4章为多组分热力学体系；第5章为相平衡；第6章为化学平衡；第7章为电化学；第8章为化学动力学；第9章为界面现象与胶体。附录含常见的热力学常数和其他常用的数据。

本书适用于化学、医学、生物、石油化工等各类相关院校本科生，也适用高职部分专业学生及教师参考选用。

**图书在版编目(CIP)数据**

物理化学简明教程/彭程，周瀚成编. —北京：化学工业出版社，2016.7
高等学校教材
ISBN 978-7-122-27082-5

Ⅰ.①物…　Ⅱ.①彭…②周…　Ⅲ.①物理化学-教材　Ⅳ.①O64

中国版本图书馆 CIP 数据核字（2016）第 106012 号

责任编辑：刘心怡　　窦　臻　　　　　　　装帧设计：张　辉
责任校对：边　涛

出版发行：化学工业出版社（北京市东城区青年湖南街 13 号　邮政编码 100011）
印　　刷：北京永鑫印刷有限责任公司
装　　订：三河市宇新装订厂
787mm×1092mm　1/16　印张 10¼　字数 285 千字　2016 年 8 月北京第 1 版第 1 次印刷

购书咨询：010-64518888（传真：010-64519686）　售后服务：010-64518899
网　　址：http://www.cip.com.cn
凡购买本书，如有缺损质量问题，本社销售中心负责调换。

定　　价：26.00 元

# 前言

　　物理化学课程的目的在于运用物理和数学的有关理论和方法进一步研究化学运动形式的普遍性规律。通过对物理化学课程的学习，学生将了解和掌握化学学科的基本理论，培养理论思维的能力，培养正确的科学观、科学的思维方法，提高分析问题和解决问题的能力，为从事化学教学和科研打下扎实的理论基础。

　　物理化学课程作为化工类工科院校四大基础课程之一，对化工类专业人才的培养起至关重要的作用。该课程理论性强，内容抽象，各章节之间联系紧密，难度较大，为满足不同层次读者的需求，编写一本既保持物理化学基本原理体系、又内容紧凑与简洁、通俗易懂的教材尤为重要。

　　《物理化学简明教程》适合作为化学、医学、生物、石油化工等专业相关院校本科及高职高专的教学用书，各相关院校和专业可依据实际情况进行参考选用。

　　本教材在编写过程中研究分析了物理化学学科的发展趋势，广泛吸收和借鉴了其他兄弟院校的经验，倾注了大量心血；在内容层次上，既保留基本原理、基本理论的逻辑体系，又对讲授内容进行了取舍和整合，以达到体系完整、内容精炼、通俗易懂的目的；在例题和习题的选取上，避免简单重复，注重引进新的实例和材料，注重启发性，既能够帮助学生灵活应用基本原理、基本理论，又能够提高学生分析问题、解决问题的能力，培养学生的科学的思维方式。另外，书后面的附录中有物理化学常用的数据表，可以供广大学生和科技工作者在学习和工作中查阅。

　　本教材内容涉及热力学、电化学、动力学、界面和胶体化学四个部分，共计九章内容。由西北民族大学化工学院的彭程副教授编写绪论、热力学第一定律、热化学、热力学第二定律、多组分热力学体系、相平衡、化学平衡六章；由西北民族大学化工学院的周瀚成副教授编写电化学、化学动力学、界面现象与胶体三章和附录。全书由彭程副教授负责统稿和定稿。

　　本教材在编写过程中得到了西北民族大学化工学院王彦斌教授、乌兰教授、苏琼教授的指导，得到了西北民族大学化工学院大学化学教研室各位同仁的无私帮助。另外，兰州大学化学化工学院的房建国教授、姚小军教授也提出了宝贵的意见和建议。

　　本教材在出版过程中得到了化学工业出版社的大力支持，他们为本书的出版提出了热情的鼓励和宝贵的意见，做了大量细致的工作，特此表示由衷感谢。

　　由于编者水平有限，书中难免存在缺点和不足之处，敬请广大读者批评指正。

编者

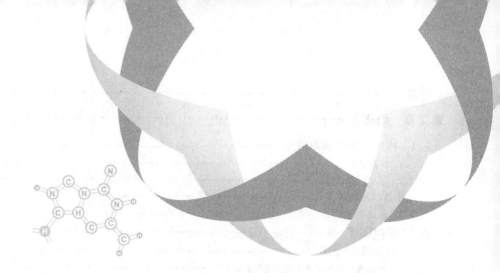

# 目录

# 绪　　论

## 0.1　物理化学的基本内容

物理化学是研究化学现象和物理现象之间的相互联系，以便找出化学变化中最具有普遍性规律的一门学科。物理化学是化学的理论基础，它所研究的内容普遍适用于各个化学分支的理论问题，所以物理化学被称为理论化学。

在18世纪中叶，俄国科学家罗蒙诺索夫（1711—1765年）最早使用"物理化学"这一术语；到19世纪中叶，自然科学的许多学科得到了飞速发展，物理化学就是在这一时期建立发展起来的。原子-分子学说的出现、气体分子运动论的产生、元素周期律的发现、经典热力学第一定律和第二定律的建立、化学热力学的发展等都为物理化学的形成和发展奠定了基础。1887年，德国科学家奥斯特瓦尔德（1853—1932年）和荷兰科学家范特霍夫（1852—1911年）联合创办了德文版的《物理化学杂志》，标志着物理化学这一学科的诞生。

物理化学主要探讨和解决下面几方面的问题。

（1）热力学部分　解决能量问题与变化的方向与限度问题，一个变化能否自动进行，向什么方向进行，进行到什么程度，变化进行时能量变化有多少，外界条件对变化的方向和限度有什么影响等。这些问题的研究，同属于物理化学的一个分支，叫作化学热力学。

（2）动力学部分　一个化学反应的速率有多快，外界条件对反应的速率有何影响，一个复杂反应由哪些反应机理组成，这些问题的研究，同属于物理化学的另一个分支，叫作化学动力学。

（3）电化学部分　电化学是研究化学现象与电现象之间的相互关系以及化学能与电能之间相互转化规律的科学。电化学是物理化学的一门重要分支学科，本书中主要阐述电化学基本理论、可逆电池电动势、极化问题。

（4）表面化学与分散体系　相界面上发生的一切物理、化学现象统称为界面现象。讨论界面现象是进一步研究胶体、粗分散系及催化动力学的基础。本书主要阐述不同表面的特性和分散体系的性质。

## 0.2　物理化学的意义

物理化学的形成和发展离不开其他学科的发展，同时其他学科的发展也需要物理化学的支撑。物理化学与化学中的其他分支（如无机化学、分析化学、有机化学等）间有密切联系但又有显著的区别。无机化学、分析化学、有机化学等都有自己特殊的研究对象，而物理化学更着重于普遍性、化学变化的内在规律性，研究的基本问题也正是其他化学分支最关心的问题。由此看来，物理化学与化学中的其他分支的关系是十分密切的，并且能为近代化学研究提供有力的理论支撑。

## 0.3　物理化学的研究方法

物理化学是一门自然科学，它的研究方法遵循自然科学研究方法的一般性原则，也就是按照"实践、认识，再实践、再认识"这一形式，循环往复以至无穷。同时物理化学的研究方法又有演绎法的特征，即通过数学的推理，得到正确的形式和结论，最后成为理论学说，使物理化学这门科学得以不断发展。

物理化学研究方法包括热力学方法、统计力学方法和量子力学方法。

（1）热力学方法　该方法是一种宏观方法，即只关心起始到终了状态的变化，不关心具体过程和途径。它的研究对象是大量的质点所组成的宏观体系，通过两个经典的热力学定律和一系列热力学函数来解决变化的能量、方向、限度等问题。热力学方法的局限性是只关心可能性，不关心现实性，不考虑时间因素。

（2）统计力学方法　该方法是把物质的微观结构与宏观现象联系起来用于研究宏观规律。它首先根据物质的微观结构提出假想的模型，然后根据量子力学的规律，应用统计力学的原理，来探讨该物质体系所表现的宏观性质。这种方法把微观粒子的运动与物质的宏观性质联系起来，是沟通微观与宏观的桥梁。

（3）量子力学方法　该方法是一种微观研究方法，它从原子、分子的构造和化学键的性质出发，以量子力学为工具来研究物质的性质。这个方法能从本质上把握物质的内在规律，正确地反映微观世界的运动规律。

## 0.4　物理化学的学习方法

物理化学的概念多而且抽象，而掌握好基本概念是学习好物理化学课程的关键之一，因此必须重视对基本概念的把握。

物理化学中所涉及的定律、公式很多，掌握这些公式和定律的关键是要注重它们之间的联系和掌握它们的使用条件。绝大多数公式之间都可以互相推理，可以由一些公式出发去推理其他的公式，达到熟悉和掌握公式的目的；物理化学中公式的使用条件是非常严格的，对于同一公式，条件稍有改变，就会改变其含义，因此要注意和重视公式的使用条件。

物理化学课程章节之间联系紧密，要做好及时的复习回顾，学习好后面的内容是建立在对前面内容的深入理解和掌握的基础上的。同时多做习题和思考题，有助于对所学内容的深入理解。

# 第1章
# 热力学第一定律

重点内容提要:
1. 掌握热力学基本概念。
2. 掌握热力学第一定律，并明确其含义。
3. 掌握不同过程热和功的计算，并深刻体会可逆过程。
4. 掌握等温条件下理想气体的 $\Delta U$ 和 $\Delta H$ 的结论及计算。
5. 掌握实际气体的性质及实际气体的 $\Delta U$ 和 $\Delta H$ 的结论及计算。

## 1.1　热力学基本概念

### 1.1.1　系统与环境

我们常把选取的研究对象称为系统，系统有两个特征，一是由大量微粒组成的宏观体系；二是受目前的科学理论控制。

我们常把系统之外且与系统密切相关的部分称为环境。

根据系统和环境之间物质和能量的交换关系，热力学体系可分为三类：

（1）敞开体系　体系与环境之间既有物质交换又有能量交换的体系。

（2）封闭体系　体系与环境之间只有能量交换而没有物质交换的体系。

（3）孤立体系（或隔离体系）　体系与环境之间既无物质交换也无能量交换的体系。

系统的选择随着研究角度的不同而不同。例如，在一只盛水的玻璃杯中，水从环境中吸收热量变成水蒸气，若把水当作系统，其他物质（包括水蒸气）作为环境，则系统与环境之间既有物质交换，又有能量交换，故为敞开系统；若把水和水蒸气都当作系统，则系统与环境之间就只有能量交换而没有物质交换，故为封闭系统。在热力学的内容中如不加以特殊说明，所谓系统都是指封闭系统。

系统还有一种分类法：即分为单相系统和多相系统。一个系统中，化学性质和物理性质均一的部分称为相，在不同的相之间有明显的界面。只有一个相的系统，称单相系统；具有两个或两个以上相的系统，称为多相系统。

对气体而言，不管有多少种气体，都是一相；对液体而言，如两者相互溶解，则形成一个相，如互不相溶，混合时则形成有明显界面分开的两个液相；对固体而言，一般一种固体物质看成一相。

### 1.1.2 系统的性质

表征系统状态的物理量，如质量、体积、压力等，称为热力学变量（thermodynamic variable）。体系的性质分为两类：广度性质和强度性质。

广度性质（extensive properties）：也称容量性质，具有该类性质的变量与系统中物质的数量有关，具有加和性，在数学上是一次齐函数，如质量、体积、热力学能等。

强度性质（intensive properties）：具有该类性质的变量与体系中物质的本质有关，不具有加和性，在数学上是零次齐函数，性质只和系统所处的状态有关，和系统中的物质数量无关，如温度、压力、密度等。

在表征热力学体系时，要尽可能地多用强度性质的变量而少用广度性质的变量。在同一个体系中，两个广度性质的变量的商是一个强度变量，比如：

$$V = \frac{m}{\rho}$$

式中，$V$ 为体积；$m$ 为质量；$\rho$ 为密度。

### 1.1.3 状态函数与状态方程

状态是系统物理性质和化学性质的综合表现，例如，系统的宏观物理量及系统的化学组成与聚集状态确定后，系统的状态就确定了。

若系统的化学组成、聚集状态和宏观物理量中任何一个发生变化，则系统的状态就要发生变化，不再是原来的状态。状态函数就是描述系统状态的那些宏观物理量。状态函数有如下特点：

① 状态函数是状态的单值函数，与系统的历史和未来无关。只要系统状态一定，就有相应确定的状态函数；反之，状态函数一定时，那么系统的状态就确定了。

② 当系统的状态发生变化时，状态函数随之而变化。也就是说状态函数仅与系统的起始状态和终了状态有关，而与具体过程无关。

应当指出，体系各状态函数之间不是相互独立无关的，而是有着函数关系。例如，对一定量的理想气体体系，其 $p$、$V_m$、$T$ 三者之间的关系为 $pV_m = RT$。将 $p$ 作为函数，$p = f(T, V_m)$。因此体系的状态无需用全部的性质来确定，只需明确几个独立变量，就可导出其他状态函数。经验表明，对于纯物质单相封闭体系，只需两个强度性质就可确定体系的状态。习惯上常用温度、压强作为独立变量，而把体系的其他性质作为 $T$、$p$ 的函数，表示为：$Z = f(T, p)$。

状态函数的微小变量在数学上具有全微分的特性。例如，对于纯物质单相封闭体系，状态函数 $Z = f(T, p)$，那么全微分可表示为：

$$dZ = \left(\frac{\partial Z}{\partial T}\right)_p dT + \left(\frac{\partial Z}{\partial p}\right)_T dp \tag{1-1}$$

### 1.1.4 过程与途径

体系从始态变化到终态称为过程；实现这一过程的具体步骤称为途径。

（1）等温过程 体系起始状态温度和终了状态温度均等于环境温度的过程。

（2）等压过程　体系起始状态压力和终了状态压力均等于环境压力的过程。

（3）等容过程　体系起始状态体积和终了状态体积相等的过程。

（4）绝热过程　体系与环境之间没有热交换的过程。

（5）循环过程　体系起始状态和终了状态一致的过程。

### 1.1.5　热力学平衡态

热力学平衡态是指在一定条件下体系的各种性质均不随时间变化的状态。处于平衡态的体系应同时达到四种平衡。

（1）热平衡　体系内各部分以及体系与环境之间温度相同（若是绝热体系，则体系和环境温度可以不同）。

（2）力平衡　体系内各部分以及体系与环境之间没有不平衡的力存在，即压力相同。

（3）化学平衡　体系各物质之间发生化学反应时，若体系的组成不随时间变化而变化，则达到化学平衡。

（4）相平衡　系统中各相的组成与数量均不随时间而变化，即不同相虽然相互接触但宏观上没有物质在相间传递。

### 1.1.6　热和功

热和功是能量的两种传递形式，功和热不是系统本身的能量，而是系统与环境之间传递的能量。因此只有当系统经历一个过程时才有功和热。它们均有能量单位，如焦耳（J）或千焦耳（kJ）。

热：从宏观上讲是系统与环境之间由于温度差别而传递的能量；从微观上讲是系统与环境间因粒子无序运动强度不同而交换的能量。以符号 $Q$ 表示。$Q$ 符号规定如下：系统从环境吸热，$Q$ 为正值；系统向环境放热，$Q$ 为负值。$Q$ 的数值会随着具体途径（或过程）而变化，故 $Q$ 不是状态函数。

功：从宏观上讲是体系与环境之间传递的除了热之外的能量；从微观上讲是系统与环境间因粒子有序运动而交换的能量。以符号 $W$ 表示。$W$ 符号规定如下：系统对环境做功，功为负值；环境对系统做功，功为正值。

在热力学中把功可分为两大类：由于系统体积变化而与环境交换的功称为体积功或膨胀功；除此之外的功就称为非体积功或非膨胀功。体积功计算通式如下：

$$W = -\int_{V_1}^{V_2} p_e \mathrm{d}V \tag{1-2}$$

式中，$p_e$ 是环境压力。$W$ 的数值会随着具体途径（或过程）而变化，故 $W$ 不是状态函数。

# 1.2　热力学第一定律

### 1.2.1　能量守恒和转化定律

自然界中的一切物质都具有能量，能量既不会凭空产生，也不会自行消灭，能量有不同的形式，不同形式的能量之间可以相互转化，在转化过程中能的总量不变。

能量守恒和转化定律还有很多其他的表述，如"第一类永动机是不能创造的"，所谓第一类永动机是指不需要消耗环境任何能量而可以连续对环境做功的机器，这种机器明显地违背能量守恒原理。

### 1.2.2　热功当量

焦耳（Joule）和迈耶（Mayer）自 1840 年起，历经 20 多年，用各种实验求证热和功的转换关系，得到的结果是一致的。即

$$1cal = 4.1840J$$

这个值当时被大家公认为热功当量，焦耳的实验为能量转化与守恒定律奠定了基础。

### 1.2.3　热力学能

能量从宏观上分为三类，宏观物体因运动而具有的能量称为动能；系统内部各种能量的总和称为热力学能（或内能）；物体由于位置或位形而具有的能量称为位能（或势能）。

热力学体系一般来讲具备三个特征：①大量微粒组成的宏观体系；②宏观静止的；③不考虑外力场。

所以说，热力学体系是不考虑动能和势能的，只有热力学能。也就是说，在热力学体系中能量的总体形式是热力学能，能量的两种具体形式是热和功。

一个系统处于某一状态，如果描述状态的物理性质和化学性质都有固定不变的数值，那么这种状态称为平衡状态。平衡状态并不意味着物质的运动已经停止了，实际上，物质内部的分子、原子、电子等仍处在不停的激烈运动之中。因此，平衡状态的物质仍具有一定的能量，把系统内部各种形式能量的总和称为热力学能。其符号为 $U$，单位是焦耳（J）。

热力学能既然是系统内部能量的总和，它就是系统本身的性质，在一定状态下热力学能具有一定的数值，与物质的量成正比，所以热力学能是容量性质的函数。一个系统的热力学能的绝对数值目前还无法测定，但这并不影响我们对问题的研究，因为热力学研究问题时，所关心的是系统发生一个过程与环境交换了多少能量，热力学能改变了多少，即只需要知道 $\Delta U$ 就可以了。

### 1.2.4　热力学第一定律的数学表达形式及意义

任何封闭系统的热力学能变化都是系统与环境间有热和功传递的结果。根据热力学第一定律，在任何过程中，系统热力学能的改变值 $\Delta U$ 等于变化过程中环境传递给系统的热和功的总和，即

$$\Delta U = Q + W \tag{1-3}$$

对于微小变化过程，热力学第一定律可表示为：

$$dU = \delta Q + \delta W \tag{1-4}$$

热力学第一定律也可以表述为：第一类永动机是不可能制成的。热力学第一定律是能量守恒与转化定律在热现象领域内所具有的特殊形式。

## 1.3　三个特殊的过程与功的计算

### 1.3.1　准静态过程

在过程进行的每一瞬间，体系都接近于平衡状态，以致在任意选取的短时间 $dt$ 内，状态参量在整个系统的各部分都有确定的值，整个过程可以看成是由一系列极接近平衡的状态

所构成，这种过程称为准静态过程。

准静态过程是一种理想过程，实际上是办不到的。例如，无限缓慢地压缩和无限缓慢地膨胀过程可近似看作为准静态过程。

## 1.3.2 可逆过程

可逆过程是热力学中极其重要的一种过程。假设系统从始态变到终态，每一步都无限接近于平衡，若系统再由终态变回到始态，系统和环境都恢复原状，而没有留下任何永久性的变化，则系统由始态变到终态的过程称为可逆过程。如果不能使系统和环境都完全恢复原状，则原过程称为不可逆过程。

没有因摩擦而造成能量损失的准静态过程就是一种可逆过程。过程中的每一步都可以向反方向进行，且系统恢复原状后在环境中并不引起其他变化。

可逆过程具备如下特征：

① 可逆过程进行时，系统内部无限接近于平衡，系统与环境之间也无限接近于平衡，过程进行得无限缓慢。

② 系统从始态变化至终态，再由终态沿着原途径返回到始态，环境也恢复到原状态，即可以简单理解为方向可逆，能量可逆。

③ 在可逆过程中，系统对环境可逆膨胀时做最大功；而环境对系统可逆压缩时做最小功。

可逆过程是一个理想的过程，实际上并不存在。但实际过程可以无限地趋近于可逆过程。可逆过程在热力学中是非常重要的，一些重要的状态函数的改变量可以通过可逆过程来计算。

## 1.3.3 绝热过程

在变化过程中，体系与环境之间不发生热的传递，就称为绝热过程。对那些变化极快的过程，如爆炸、快速燃烧，体系与环境来不及发生热交换，那个瞬间可以近似作为绝热过程处理。

## 1.3.4 功的计算

设在定温下，一定量理想气体在活塞筒中克服外压，经过 4 种不同途径，体积从 $V_1$ 膨胀到 $V_2$ 所做的功。

（1）自由膨胀（或真空膨胀）

$$W = -\int p_e dV = 0 \tag{1-5}$$

式中，$p_e$ 为外压。

（2）恒外压膨胀（或压缩）

恒外压膨胀体积功见图 1-1。

$$W = -\int p_e dV = -p_e \left( V_2 - V_1 \right) \tag{1-6}$$

（3）理想气体等温可逆膨胀（或压缩）　理想气体等温可逆膨胀体积功见图 1-2。

$p_e$ 比 $p_i$ 小无穷小，即 $p_e = p_i - dp$ 下，由 $V_1$ 膨胀到 $V_2$ 所做的功：

$$W = -\int p_e dV = -\int (p_i - dp) dV = -\int p_i dV \tag{1-7}$$

式中，$p_e$ 为外压；$p_i$ 为内压，略去 $\mathrm{d}p\,\mathrm{d}V$ 项。若气体为理想气体：

$$W = -\int p_e \mathrm{d}V = -\int (p_i - \mathrm{d}p)\mathrm{d}V = -\int p_i \mathrm{d}V = -nRT\ln\frac{V_2}{V_1} = nRT\ln\frac{V_1}{V_2} \tag{1-8}$$

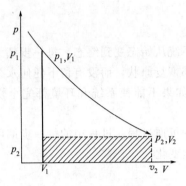 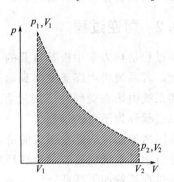

图 1-1　恒外压膨胀体积功　　　　　　　　　图 1-2　理想气体等温可逆膨胀体积功

（4）绝热可逆膨胀（或压缩）　在绝热过程中，体系与环境之间无热的交换，但可以有功的交换。根据热力学第一定律：$\mathrm{d}U = \delta Q + \delta W = \delta W$

这时，若体系对环境做功，热力学能下降，体系温度必然降低；反之，则体系温度升高。因此绝热压缩使体系温度升高，而绝热膨胀可获得低温。

① 三个绝热过程方程式　对于 1mol 理想气体，因为 $\mathrm{d}U = C_V \mathrm{d}T$，$p = \dfrac{RT}{V}$，所以

$$C_V \mathrm{d}T = -\frac{RT}{V}\mathrm{d}V$$

移项得：

$$C_V \frac{\mathrm{d}T}{T} = -\frac{R}{V}\mathrm{d}V$$

积分得：

$$C_V \int_{T_1}^{T_2} \frac{\mathrm{d}T}{T} = -R \int_{V_1}^{V_2} \frac{\mathrm{d}V}{V}$$

结果为：

$$C_V \ln\frac{T_2}{T_1} = -R\ln\frac{V_2}{V_1} = R\ln\frac{V_1}{V_2}$$

对 1mol 理想气体：

$$C_p - C_V = nR$$

摩尔热容比为：

$$\gamma = \frac{C_{p,m}}{C_{V,m}}$$

故有：

$$\ln\frac{T_2}{T_1} = (\gamma - 1)\ln\frac{V_1}{V_2}$$

或为：

$$T_1 V_1^{\gamma-1} = T_2 V_2^{\gamma-1} \tag{1-9}$$

式中，$C_p$ 为等压热容；$C_V$ 为等容热容。

将式(1-9)结合理想气体状态方程式 $pV = nRT$，可得：

$$p_1 V_1^{\gamma} = p_2 V_2^{\gamma} \tag{1-10}$$

$$p_1^{1-\gamma} T_1^{\gamma} = p_2^{1-\gamma} T_2^{\gamma} \tag{1-11}$$

② 绝热可逆过程功的计算　绝热可逆过程功的计算有两种形式：

$$W = -\int_{V_1}^{V_2} p\,\mathrm{d}V = -\int_{V_1}^{V_2} \frac{K}{V^{\gamma}}\mathrm{d}V = K\int_{V_1}^{V_2} \frac{1}{V^{\gamma}}\mathrm{d}V$$

$$= K \times \frac{1}{(1-\gamma)} \times \left(\frac{1}{V_2^{\gamma-1}} - \frac{1}{V_1^{\gamma-1}}\right) = \frac{1}{1-\gamma}\left(\frac{p_2 V_2^{\gamma}}{V_2^{\gamma-1}} - \frac{p_1 V_1^{\gamma}}{V_1^{\gamma-1}}\right)$$

$$= \frac{1}{\gamma - 1} (p_2 V_2 - p_1 V_1) \qquad (1\text{-}12)$$

$$W = \Delta U = C_V \mathrm{d}T = C_V (T_2 - T_1) \qquad (1\text{-}13)$$

【例 1-1】 373.15K 时，1mol 理想气体从 $0.025\mathrm{m}^3$ 经过下列四个等温过程膨胀到 $0.1\mathrm{m}^3$：（1）可逆膨胀；（2）自由膨胀；（3）外压恒定为终态压力下膨胀；（4）等温下先以外压恒定为 $0.05\mathrm{m}^3$ 的压力膨胀到 $0.05\mathrm{m}^3$，在以外压恒定为终态压力下膨胀至 $0.1\mathrm{m}^3$。求以上过程的体积功。

解：（1）等温可逆膨胀

$$W = -nRT \ln \frac{V_2}{V_1} = \left( -1 \times 8.314 \times 373.15 \times \ln \frac{0.1}{0.025} \right) \mathrm{J} = -4301 \mathrm{J}$$

（2）自由膨胀

$$W = 0$$

（3）一次恒外压膨胀

$$W = -p_e (V_2 - V_1) = -\frac{nRT_2}{V_2}(V_2 - V_1)$$

$$= \left[ -\frac{1 \times 8.314 \times 373.15}{0.1} \times (0.1 - 0.025) \right] \mathrm{J} = -2327 \mathrm{J}$$

（4）二次恒外压膨胀

$$W = -p_{e1}(V_2 - V_1) - p_{e2}(V_3 - V_2) = -\frac{nRT}{V_2}(V_2 - V_1) - \frac{nRT}{V_3}(V_3 - V_2)$$

$$= \left[ -\frac{1 \times 8.314 \times 373.15}{0.05} \times (0.05 - 0.025) - \frac{1 \times 8.314 \times 373.15}{0.1} \times (0.1 - 0.05) \right] \mathrm{J}$$

$$= -3102 \mathrm{J}$$

【例 1-2】 $1 \mathrm{mol\,N_2}$（可视为理想气体）300K 时自 100kPa 经绝热可逆膨胀过程至 10kPa，已知 $N_2$ 的 $C_{p,m} = 29.1 \mathrm{J/(mol \cdot K)}$，计算下列过程的 $W$。

解：$\gamma = \dfrac{C_{p,m}}{C_{V,m}} = \dfrac{29.1}{29.1 - 8.314} = 1.4$

$$T_2 = T_1 \left( \frac{p_1}{p_2} \right)^{\frac{1-\gamma}{\gamma}} = \left[ 300 \times \left( \frac{100}{10} \right)^{\frac{1-1.4}{1.4}} \right] \mathrm{K} = 155.4 \mathrm{K}$$

$$W = nC_{V,m}(T_2 - T_1) = [1 \times (29.1 - 8.314) \times (155.4 - 300)] \mathrm{J} = -3006 \mathrm{J}$$

# 1.4 热容与焓

## 1.4.1 热容的定义

一个不发生化学反应、不发生相变化的封闭体系，在非体积功为零的条件下，体系吸收 $\delta Q$ 的热，温度升高 $\mathrm{d}T$，则该体系的热容 $C$ 定义为：

$$C = \frac{\delta Q}{\mathrm{d}T} \qquad (1\text{-}14)$$

摩尔热容为：

$$C_m = \frac{\delta Q_m}{\mathrm{d}T} \qquad (1\text{-}15)$$

## 1.4.2 摩尔等压热容和摩尔等容热容

定义摩尔等压热容和摩尔等容热容如下：

$$C_{p,m} = \frac{\delta Q_{p,m}}{\mathrm{d}T} \tag{1-16}$$

$$C_{V,m} = \frac{\delta Q_{V,m}}{\mathrm{d}T} \tag{1-17}$$

一般情况下，$C_{p,m}$、$C_{V,m}$ 是 $T$、$p$ 的函数。图 1-3 所示的是 $H_2(g)$ 的 $C_{V,m}/R$ 与温度的关系。低温下，$C_{V,m}/R$ 在 $\frac{3}{2}$ 左右；常温时 $C_{V,m}/R$ 增加到 $\frac{5}{2}$；高温时则向 $\frac{7}{2}$ 靠近。大部分的其他双原子分子气体的热容具有与 $H_2(g)$ 类似的行为。

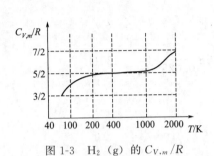

图 1-3 $H_2(g)$ 的 $C_{V,m}/R$ 与温度的关系

若体系为理想气体，$C_{p,m}$、$C_{V,m}$ 仅仅是 $T$ 的函数，在温度区间变化不大时，可以按如下取值：

单原子理想气体：

$$C_{V,m} = \frac{3}{2}R \tag{1-18}$$

$$C_{p,m} = \frac{5}{2}R \tag{1-19}$$

双原子理想气体：

$$C_{V,m} = \frac{5}{2}R \tag{1-20}$$

$$C_{p,m} = \frac{7}{2}R \tag{1-21}$$

理想气体的 $C_{p,m}$、$C_{V,m}$ 遵循如下关系式：

$$C_{p,m} - C_{V,m} = R \tag{1-22}$$

若体系是非理想气体，一般采用如下经验公式：

$$C_{p,m} = a + bT + cT^2 + \cdots \tag{1-23}$$

$$C_{p,m} = a' + b'T + \frac{c'}{T^2} + \cdots \tag{1-24}$$

## 1.4.3 焓

在等容不做非体积功的条件下，由热力学第一定律可得：

$$\mathrm{d}U = \delta Q + \delta W = \delta Q + \delta W_e + \delta W_f$$

其中：

$$\mathrm{d}V = 0 \quad W_e = -p_e\mathrm{d}V = 0 \quad W_f = 0$$

所以：

$$\Delta U = Q_V \tag{1-25}$$

式(1-25) 的物理意义是：在一个封闭体系，不做非体积功，在等容过程中吸收或放出的热量用于改变系统热力学能。

该公式的重要性在于把一个特定过程的热量 $Q_V$ 的计算与一个系统的状态函数的变化量 $\Delta U$ 联系起来。等号两端的两个不同物理量只有数值上的等同，而物理意义却截然不同。热力学能是系统的状态函数，它的增量 $\Delta U$ 仅仅与状态有关；而热量 $Q$ 不是状态函数，只有在等容且不做非体积功的条件下，才能将 $Q_V$ 与 $\Delta U$ 联系起来。

在等压不做非体积功的条件下，热力学第一定律可改写为：

$$dU = \delta Q + \delta W = \delta Q + \delta W_e + \delta W_f$$

其中：
$$W_e = -p_e dV \quad W_f = 0$$

所以：
$$dU = \delta Q_p - p_e dV$$

因为：
$$p = p_e = 常数$$

所以：
$$dU = \delta Q_p - d(pV)$$

$$\delta Q_p = dU + d(pV) = d(U + pV)$$

由于 $U$、$p$、$V$ 都是体系的状态函数，所以在同一状态下 $U + pV$ 也是状态函数，在热力学计算中，$U + pV$ 这个量经常出现，为了计算方便，定义了一个新的函数，称之为焓，用符号 $H$ 表示，即

$$H = U + pV \tag{1-26}$$

所以：
$$Q_p = \Delta H \tag{1-27}$$

式(1-27)的物理意义是：一个封闭体系，不做非体积功，在等压过程中吸收或放出的热量用于改变系统焓值。

关于焓的理解，要注意以下几点：

① 焓是热力学上最重要的状态函数之一。

② 焓和热力学能不同，它没有具体的微观含义，只是为了计算方便才定义的。

③ 焓具有能量的量纲，但它本身并不是能量。

通过以上内容的学习，我们应该注意以下公式的联系：

$$C_{V,m} = \frac{\delta Q_{V,m}}{dT} = \left(\frac{\partial U}{\partial T}\right)_V \tag{1-28}$$

$$dU = nC_{V,m} dT = nC_{V,m}(T_2 - T_1) \tag{1-29}$$

$$C_{p,m} = \frac{\delta Q_{p,m}}{dT} = \left(\frac{\partial H}{\partial T}\right)_p \tag{1-30}$$

$$dH = nC_{p,m} dT = nC_{p,m}(T_2 - T_1) \tag{1-31}$$

式(1-29)、式(1-31)的使用条件是将 $C_{p,m}$、$C_{V,m}$ 看成常数，绝大多数封闭体系在温度区间变化不大时，$C_{p,m}$、$C_{V,m}$ 都可以看成常数，所以这两个公式是很有现实意义的。

# 1.5 热力学第一定律的应用

## 1.5.1 盖吕萨克-焦耳实验

盖吕萨克于 1807 年，焦耳于 1843 年做了如下实验：将两个较大而容量相等的容器放在大水浴中，它们之间有旋塞连通，左侧装满气体，右侧抽成真空（见图 1-4）。打开旋塞，气体由左侧膨胀到右侧，最后系统达到平衡，这时没有观察到水温改变。因为气体膨胀过程中体系的体积没有变化，所以 $W = 0$。又因为没有观察到水温变化，说明系统没有从环境吸收或向环境放出热量，即 $Q = 0$。根据热力学第一定律 $\Delta U = Q + W$，可得到 $\Delta U = 0$。根据焓的定义式 $H = U + pV$，得 $\Delta H = \Delta U + \Delta(pV)$。

对于一定量的理想气体：$\Delta(pV) = \Delta(nRT) = nR(\Delta T)$

在焦耳实验中温度不变，所以，$\Delta(pV) = nR(\Delta T) = 0$

所以
$$\Delta H = 0$$

从盖吕萨克-焦耳实验可以得出结论：理想气体的热力学能和焓仅仅是温度的函数。即

$$U = f(T)、H = f(T)$$

或表述为：

$$\left(\frac{\partial U}{\partial V}\right)_T = 0、\left(\frac{\partial U}{\partial p}\right)_T = 0、\left(\frac{\partial H}{\partial V}\right)_T = 0、\left(\frac{\partial H}{\partial p}\right)_T = 0 \tag{1-32}$$

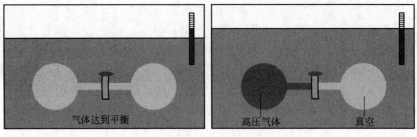

图 1-4　焦耳实验装置图

这个实验虽然不够精确，但其结论是正确的，后来用数学推导得到了证明，证明过程如下：

将理想气体的热力学能写成温度和体积的函数，即 $U = f(T, V)$

全微分得：

$$dU = \left(\frac{\partial U}{\partial T}\right)_V dT + \left(\frac{\partial U}{\partial V}\right)_T dV$$

因为：

$$dU = 0，dT = 0，dV \neq 0$$

所以：

$$\left(\frac{\partial U}{\partial V}\right)_T = 0$$

若将将理想气体的热力学能写成温度和压力的函数，即 $U = f(T, p)$，同理可证 $\left(\frac{\partial U}{\partial p}\right)_T = 0$。

## 1.5.2　焦耳-汤姆逊实验

1852 年焦耳和汤姆逊又做了一个实验，他们用一个多孔塞将绝热圆筒中的气体分成两部分，左面压力 $p_i$ 大于右面压力 $p_f$。将左方活塞缓缓推行，使 $V_i$ 体积的气体在恒压下流入右方，同时右方活塞缓缓推出，并维持压力为 $p_f$，推出的体积为 $V_f$。多孔塞的作用是使气体流过后不至引起湍动，保持恒定压差，因此这种过程又称节流过程。见图 1-5。

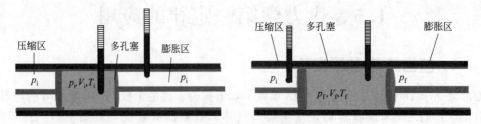

图 1-5　节流实验装置图

因为节流实验装置是绝热的，$Q = 0$，左面环境对体系做功为 $p_i V_i$，右面体系对环境做功为 $-p_f V_f$，总功为（$p_i V_i - p_f V_f$），代入热力学第一定律得：

$$\Delta U = U_2 - U_1 = Q + W = p_i V_i - p_f V_f$$

移项得：

$$U_2 + p_f V_f = U_1 + p_i V_i$$

即：

$$H_2 = H_1 \quad \Delta H = 0$$

节流过程具备三个特征：绝热、等焓、降压。用符号表示为 $Q = 0$、$\Delta H = 0$、$\Delta p < 0$。

为了表示气体经过节流过程后温度的变化情况，引入了焦耳-汤姆逊系数 $\mu_{J-T}$。

定义为：
$$\mu_{J-T} = \left(\frac{\partial T}{\partial p}\right)_H \tag{1-33}$$

$\mu_{J-T} > 0$ 时，气体经过节流过程后温度降低。

$\mu_{J-T} = 0$ 时，气体经过节流过程后温度不变，该温度也称为该气体的转折温度。

$\mu_{J-T} < 0$ 时，气体经过节流过程后温度升高。

下面来讨论一下 $\mu_{J-T}$ 的符号问题，对于一定量的理想气体，$H = f(T, p)$

全微分得：
$$dH = \left(\frac{\partial H}{\partial T}\right)_p dT + \left(\frac{\partial H}{\partial p}\right)_T dp$$

在节流过程中：
$$dH = 0$$

移项重排得：
$$\left(\frac{\partial T}{\partial p}\right)_H = -\frac{\left(\frac{\partial H}{\partial p}\right)_T}{\left(\frac{\partial H}{\partial T}\right)_p} = -\frac{\left[\frac{\partial(U+pV)}{\partial p}\right]_T}{C_p}$$

$$= -\frac{1}{C_p}\left(\frac{\partial U}{\partial p}\right)_T - \frac{1}{C_p}\left[\frac{\partial(pV)}{\partial p}\right]_T$$

对理想气体而言，上述第一个大括号数值为零，因为 $\left(\frac{\partial U}{\partial p}\right)_T = 0$；对实际气体而言，上述第一个大括号数值大于零，因为 $C_p > 0$，$\left(\frac{\partial U}{\partial p}\right)_T < 0$，实际气体分子间有引力，在等温时，升高压力，分子间距离缩小，分子间位能下降，热力学能也就下降。

对理想气体而言，上述第二个大括号数值为零，因为 $pV = nRT$ 是常数。对实际气体而言，上述第二个大括号数值就由气体的 $pV$-$p$ 关系决定，这个数值在一定条件下为正，在一定条件下为负。所以说实际气体的 $\mu_{J-T}$ 不是气体的特性，而是气体存在条件的特性。

## 1.5.3 范德华方程式

实际气体的热力学能及焓不仅与温度有关，还与体积（或压力）有关。因为实际气体分子之间有相互作用，在等温膨胀时，可以用反抗分子间引力所消耗的能量来衡量热力学能的变化。

在众多的实际气体方程式中，范德华方程式具有明显的特征，其形式如下：
$$\left(p + \frac{a}{V_m^2}\right)(V_m - b) = RT \tag{1-34}$$

式中，$\frac{a}{V_m^2}$ 为内压力；$b$ 为体积校正项。

假设研究的实际气体的行为方式遵循范德华方程式，那么它的热力学能和焓可以按如下公式计算：

对于一摩尔的气体：
$$U = f(T, V)$$

全微分得：
$$dU = \left(\frac{\partial U}{\partial T}\right)_V dT + \left(\frac{\partial U}{\partial V}\right)_T dV$$

$$= C_V dT + \frac{a}{V_m^2} dV \tag{1-35}$$

$$dH = dU + d(pV_m) = C_V dT + \frac{a}{V_m^2} dV + \Delta(pV_m) \qquad (1-36)$$

# 习 题

1. 直径为 0.25m 的活塞，对抗恒外压 455kPa 移动 15cm，求体积功？

2. 1mol 理想气体在恒压 200kPa 下，温度由 373K 下降到 298.15K，求 $Q$、$W$、$\Delta U$、$\Delta H$。[已知 $C_{V,m} = 12.55 J/(mol \cdot K)$ ]

3. 0.3mol CO 保持恒压 1MPa，由 273K 加热到 523K，计算 $\Delta U$、$\Delta H$。已知：$C_{p,m}(CO) = (26.54 + 7.68 \times 10^{-3} T/K - 1.17 \times 10^{-7} T^2/K^2) J/(mol \cdot K)$

4. 1mol $N_2$，由初态 298.15K，100kPa，24.5dm³ 在 298.15K 恒温槽内经

(1) 真空膨胀；

(2) 恒外压 50kPa 膨胀。

变到终态 298.15K，50kPa，48.9dm³。求 $Q$、$W$、$\Delta U$、$\Delta H$。

5. 2mol 空气由 200kPa，298.15K 沿

(1) 反抗恒外压 100kPa 膨胀 100kPa，298.15K；

(2) 等容可逆膨胀到 100kPa。

求 $\Delta H$。已知空气的 $C_{p,m} = 29.0 J/(mol \cdot K)$

6. 在 373K 时，1mol 理想气体，始态体积为 0.025m³，终态体积为 0.1m³，经历下列四个过程，试计算各过程发生后体系所做的膨胀功：

(1) 等温可逆膨胀；

(2) 向真空膨胀；

(3) 外压恒定在气体终态的压力下膨胀；

(4) 分两段膨胀，先使外压恒定在体积为 0.05m³ 时的气体压力下膨胀，再使外压恒定在 0.1m³ 时的气体压力下膨胀。

将这四种过程所做功的计算结果加以比较，结果说明什么问题？

7. 分别求下列过程中 1mol 液态水所做的膨胀功：(1) 在 373K 和 100kPa 下蒸发；(2) 273K 和 100kPa 下结冰（已知冰和水的密度分别为 $0.92 \times 10^3 kg/m^3$ 及 $1.0 \times 10^3 kg/m^3$，水蒸气可近似作为理想气体）。

8. 1mol $H_2$ 等容下吸收的热，当温度从 300K 上升到 1000K，试求：

(1) 在恒压下吸收的热；

(2) 在等容下吸收的热；

(3) 在此温度范围内，$H_2$ 的平均等压摩尔热容。

9. 100kPa 压力下，已知冰和水在 0℃ 时的密度分别为 $0.92 \times 10^3 kg/m^3$ 和 $1.0 \times 10^3 kg/m^3$，水和水蒸气在 100℃ 时的密度分别为 $0.96 \times 10^3 kg/m^3$ 和 $0.596 \times 10^3 kg/m^3$；冰的熔化热为 334.7kJ/kg，水的汽化热为 2255kJ/kg。试求：

(1) 1g 冰融化时的 $Q$、$W$、$\Delta U$、$\Delta H$。

(2) 1g 水汽化时的 $Q$、$W$、$\Delta U$、$\Delta H$。

10. 1mol 双原子分子理想气体发生可逆膨胀：(1) 从 2dm³、1000kPa 恒温可逆膨胀到 500kPa；(2) 从 2dm³、1000kPa 绝热可逆膨胀到 500kPa。求两过程的 $Q$、$W$、$\Delta U$、$\Delta H$。

# 第2章
# 热化学

> **重点内容提要：**
> 1. 掌握 $Q_p$ 与 $Q_V$ 之间的关系。
> 2. 掌握赫斯定律。
> 3. 掌握标准条件下化学反应热效应的 4 种计算方法。
> 4. 掌握基尔霍夫定律。

## 2.1　热化学中的基本概念

热化学是研究化学反应中热现象及其规律的科学，是热力学第一定律在化学反应过程中的具体应用。热化学的研究对合理地控制化学反应具有重要的实际意义，而且还可以利用反应热的数据计算其他热力学量。

### 2.1.1　反应进度

对任意的化学反应：
$$a\text{A}+b\text{D} \longrightarrow g\text{G}+h\text{H}$$

我们定义化学计量数 $\upsilon_\text{B}$，它对反应物为负，对生成物为正，如上面反应中各物质的化学计量数依次为 $-a$、$-b$、$g$、$h$。

反应进度定义为：
$$\xi=\frac{n_\text{B}(t)-n_\text{B}(0)}{\upsilon_\text{B}} \tag{2-1}$$

微分式为：
$$\mathrm{d}\xi=\frac{\mathrm{d}n_\text{B}}{\upsilon_\text{B}} \tag{2-2}$$

式中，$n_\text{B}(0)$、$n_\text{B}(t)$ 表示物质 B 在反应起始和终了时的物质的量。反应进度 $\xi$ 的单位是摩尔（mol）。

【例 2-1】　氢气和氧气的反应，若体系中有 $20\text{mol}\,\text{H}_2(\text{g})$ 和 $10\text{mol}\,\text{O}_2(\text{g})$ 反应，生成 $20\text{mol}\,\text{H}_2\text{O}(\text{l})$，请依据下列两个反应方程式分别计算反应进度。

（1）$\text{H}_2(\text{g})+\dfrac{1}{2}\text{O}_2(\text{g}) \longrightarrow \text{H}_2\text{O}(\text{l})$

（2）$2\text{H}_2(\text{g})+\text{O}_2(\text{g}) \longrightarrow 2\text{H}_2\text{O}(\text{l})$

**解：**（1）用反应物 $H_2(g)$ 来计算：$\Delta\xi=\dfrac{0-20}{-1}\text{mol}=20\text{mol}$

用反应物 $O_2(g)$ 来计算：$\Delta\xi=\dfrac{0-10}{-0.5}\text{mol}=20\text{mol}$

用生成物 $H_2O(l)$ 来计算：$\Delta\xi=\dfrac{20-0}{1}\text{mol}=20\text{mol}$

（2）用反应物 $H_2(g)$ 来计算：$\Delta\xi=\dfrac{0-20}{-2}\text{mol}=10\text{mol}$

用反应物 $O_2(g)$ 来计算：$\Delta\xi=\dfrac{0-10}{-1}\text{mol}=10\text{mol}$

用生成物 $H_2O(l)$ 来计算：$\Delta\xi=\dfrac{20-0}{2}\text{mol}=10\text{mol}$

可以看出，对于同一个化学反应方程式，不论用哪一种反应物或生成物来计算反应进度，都是相同的。而对同一个化学反应，如果化学反应方程式写法不一样，同样的变化所计算的反应进度是不同的，即反应进度的值和化学反应方程式的写法有关。

## 2.1.2 $Q_p$ 与 $Q_V$ 之间的关系

设有任意化学反应 $\sum \upsilon_B B=0$，等温且不做其他功，则体系和环境交换的热称为反应热

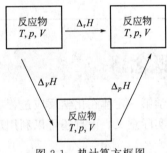

图 2-1 热计算方框图

（heat of reaction）。若反应在等压下进行，则称为等压热效应，记作 $Q_p$（$Q_p=\Delta H$）；若反应在等容下进行，则可称为等容热效应，记作 $Q_V$（$Q_V=\Delta U$）。若反应进度为 1mol，反应的热效应则分别称等压摩尔反应热 $\Delta_r H_m$ 和等容摩尔反应热 $\Delta_r U_m$。

由图 2-1 得：
$$
\begin{aligned}
Q_p-Q_V &=\Delta_r H-\Delta_r U\\
&=(\Delta_V H+\Delta_T H)-\Delta_V U\\
&=\Delta_V U+V\Delta_V p+\Delta_T H-\Delta_V U\\
&=V\Delta_V p+\Delta_T H
\end{aligned}
$$

如果产物为凝聚态，则 $\Delta_T H\approx 0$；如果产物为理想气体 $\Delta_T H=0$。

所以对理想气体而言：$\qquad Q_p-Q_V=\Delta nRT$ （2-3）

## 2.1.3 物质的标准态

在 100kPa 的压力下和某一指定温度下，纯物质的物理状态称热力学标准状态，简称标准态。标准态是没有温度限定的，这要与标准状况区分开来。

① 气体物质的标准态除了指物理状态为气态外，还指该气体的压力（或在混合气体中的分压）值为 100kPa。

② 溶液的标准态规定了溶质的浓度为 1mol/kg，标准态活度的符号为 $m^{\ominus}$。

③ 液体和固体的标准态是指处于标准态压力下纯物质的物理状态。

## 2.1.4 热化学方程式

热化学方程式是表示反应所放出或吸收热量的化学方程式，它既表明了化学反应中的物质变化，又表明了化学反应中的能量变化。与普通化学方程式相比，正确书写和理解热化学方程式，除了遵循书写和理解化学方程式的要求外，还应注意以下八点。

① $\Delta H$ 只能写在标有反应物和生成物状态的化学方程式的后边，并用“；”隔开。若为放热反应，$\Delta H$ 为“－”；若为吸热反应，$\Delta H$ 为“＋”。$\Delta H$ 的单位一般为 kJ/mol。

② 书写热化学方程式时，应注明反应的温度和压强，如未指明温度和压强，一般指 298.15K、100kPa。

③ 必须注明物质（反应物和生成物）的聚集状态［气体（g）、液体（l）、固体（s）、稀溶液（aq）］，才能完整地体现出热化学方程式的意义。

④ 热化学方程式中，各物质化学式前的化学计量数只表示该物质的物质的量，可以是整数、分数或小数。对相同的化学反应，化学计量数不同，反应热 $\Delta H$ 也不同。

例如：$H_2(g) + \dfrac{1}{2}O_2(g) \mathop{=\!=\!=} H_2O(g)$；$\quad \Delta H = -241.8 \text{kJ/mol}$

$\qquad 2H_2(g) + O_2(g) \mathop{=\!=\!=} 2H_2O(g)$；$\quad \Delta H = -483.6 \text{kJ/mol}$

⑤ 正向进行的反应和逆向进行的反应，其反应热 $\Delta H$ 数值相等，符号相反。

例如：$2H_2(g) + O_2(g) \mathop{=\!=\!=} 2H_2O(g)$；$\quad \Delta H = -483.6 \text{kJ/mol}$

$\qquad 2H_2O(g) \mathop{=\!=\!=} 2H_2(g) + O_2(g)$；$\quad \Delta H = 483.6 \text{kJ/mol}$

⑥ 反应热 $\Delta H$ 的单位 kJ/mol 中的 $\text{mol}^{-1}$ 是指该化学反应整个体系的反应进度（即指“每摩化学反应”），而不是指该反应中的某种物质的摩尔数。

例如：$2H_2(g) + O_2(g) \mathop{=\!=\!=} 2H_2O(g)$；$\quad \Delta H = -483.6 \text{kJ/mol}$

指“每摩 $2H_2(g) + O_2(g) \mathop{=\!=\!=} 2H_2O(g)$ 反应”放出 483.6kJ/mol 的能量，而不是指反应中的反应物或生成物的物质的量。

⑦ 热化学方程式中的反应热 $\Delta H$ 表示反应进行到底（完全转化）时的能量变化。

例如：$2SO_2(g) + O_2(g) \mathop{=\!=\!=} 2SO_3(g)$；$\quad \Delta H = -197 \text{kJ/mol}$

是指 2mol $SO_2(g)$ 和 1mol $O_2(g)$ 完全转化为 2mol $SO_3(g)$ 时放出的能量。若在相同的温度和压强时，向某容器中加入 2mol $SO_2(g)$ 和 1mol $O_2(g)$，反应达到平衡时，放出的能量为 $Q$，因反应不能完全转化生成 2mol $SO_3(g)$，故 $Q < -197 \text{kJ}$。

⑧ 反应热的大小比较只与反应热的数值有关，与“＋”“－”符号无关。“＋”“－”只表示吸热或放热，都是反应热。

# 2.2 赫斯定律

1840 年，赫斯在大量实验基础上提出了“化学反应不管是一步完成还是分几步完成，热效应相同”。这一规律被称作赫斯定律（Hess's Law）。

在热力学第一定律建立后，这个定律就成为必然结果了。因为热力学能和焓都是状态函数，只要反应的初始状态和终了状态确定，则 $\Delta U = Q_V$ 和 $\Delta H = Q_p$ 便是定值，而与途径无关，从上面等式中也容易看出，赫斯定律的适用条件是等容或等压。

赫斯定律是热化学计算的基础，它使热化学方程式可以像代数方程式那样进行线性组合运算。从而使某些反应时间较长或反应难以控制的反应的热效应可以通过已被准确测定的反应的热效应来计算得到。

例如，在煤气生产中碳燃烧生成一氧化碳的反应很重要，需要该反应的热效应数据，但实验测定有困难，因为碳燃烧时必定有二氧化碳同时生成。实验可测下述反应的热效应：

$$C(s) + O_2(g) \longrightarrow CO_2(g); \qquad \Delta H_1 = -393 \text{kJ} \qquad (1)$$

$$CO(g) + \frac{1}{2}O_2(g) \longrightarrow CO_2(g); \qquad \Delta H_2 = -282.8 \text{kJ} \qquad (2)$$

求反应
$$C(s)+\frac{1}{2}O_2(g)\longrightarrow CO(g) \tag{3}$$
的 $\Delta H$。

因为：(3)=(1)-(2)

所以：$\Delta H=\Delta H_1-\Delta H_2=[(-393)-(-282.8)]kJ=-110.2kJ$

这一计算方法的要领是：把热化学方程式当作普通的代数方程式，进行加、减、移项、乘除同一系数等运算，由几个已知的相关反应的热效应，来求得某反应的未知热效应。

# 2.3 热效应的计算

化学反应系统在不做非体积功的等温过程进行时吸收或放出的热量，称为化学反应热效应。一般产物（终态）的温度不等于反应物（始态）的温度，等温过程就需要产物回到反应前原始物的温度。按反应类型不同，可将热效应分为生成热、燃烧热、溶解热及中和热等。

## 2.3.1 由标准摩尔生成焓计算反应的热效应

在热效应计算中，人们曾设想如果能知道参与反应的各物质的焓的绝对值，用生成物的焓值之和减去反应物的焓值之和，就可计算出反应的热效应。但实际上，焓的绝对值是不能测定的，于是就采用相对标准。

规定：在标准压力下（100kPa），在进行反应的温度时，最稳定单质的焓值为0。

对化合物的焓值做了如下规定：在标准压力下（100kPa），在进行反应的温度时，由最稳定单质生成1mol化合物时的焓变叫作该化合物的标准摩尔生成焓。用 $\Delta_f H_m^{\ominus}$ 表示。目前在标准压力100kPa、298.15K时的化合物的 $\Delta_f H_m^{\ominus}$ 都是有热力学数据表可查的。

由标准摩尔生成焓计算反应热效应的通式为：

$$\Delta_r H^{\ominus}=\sum v_B \Delta_f H_m^{\ominus}(B) \tag{2-4}$$

【例2-2】 葡萄糖在人体内氧化供给生命能量，其生物氧化反应为：

$$C_6H_{12}O_6(s)+6O_2(g)=\!=\!=6CO_2(g)+6H_2O(l)$$

已知 $C_6H_{12}O_6(s)$、$CO_2(g)$、$H_2O(l)$ 的 $\Delta_f H_m^{\ominus}$ 依次为 $-1255.8kJ/mol$、$-393.5kJ/mol$、$-285.5kJ/mol$，计算上述反应的热效应。

**解：** $\Delta_r H^{\ominus}=\sum v_B \Delta_f H_m^{\ominus}$
$$=\{[6\times(-393.5)+6\times(-285.5)]-[(-1255.8)+6\times0]\}kJ/mol$$
$$=-2820kJ/mol$$

## 2.3.2 由离子生成焓计算反应的热效应

由于溶液是电中性的，正、负离子总是同时存在，因此不可能得到单一离子的生成焓，所以，规定了一个目前被公认的相对标准：标准压力下，在无限稀薄的水溶液中，$H^+$ 的摩尔生成焓等于零。

$$\Delta_f H_m^{\ominus}[H^+(\infty,aq)]=0$$

由离子生成焓计算反应的热效应的通式为：

$$\Delta_r H^{\ominus}=\sum v_B \Delta_f H_m^{\ominus}(\infty aq) \tag{2-5}$$

【例2-3】 $HCl(g,p^{\ominus})\xrightarrow{H_2O}H^+(\infty aq)+Cl^-(\infty aq)$

已知 $\Delta_f H_m^{\ominus}(HCl,g)=-92.30kJ/mol$，$\Delta_f H_m^{\ominus}[Cl^-(\infty aq)]=-167.44kJ/mol$ 求反应的热效应。

**解：** $\Delta_{sol} H_m^{\ominus}=\Delta_f H_m^{\ominus}[H^+(\infty aq)]+\Delta_f H_m^{\ominus}[Cl^-(\infty aq)]-\Delta_f H_m^{\ominus}(HCl,g)$
$$=-79.14kJ/mol$$

### 2.3.3　由键焓估算反应的热效应

一切化学反应实际上都是原子的重新排列组合，在旧键断裂和新键形成过程中就会有能量变化，这就是化学反应的热效应。

键的分解能：将化合物气态分子的某一个键拆散成气态原子所需的能量，称为键的分解能，即键能，可以用光谱方法测定。显然同一个分子中相同的键拆散的次序不同，所需的能量也不同，一般情况下，拆散第一个键花的能量较多。

键焓：在双原子分子中，键焓与键能数值相等。在含有若干个相同键的多原子分子中，键焓是若干个相同键键能的平均值。

例如：在 298.15K 时，自光谱数据测得气相水分子分解成气相原子的两个键能分别为：

$$H_2O(g)\longrightarrow H(g)+OH(g)；\quad \Delta_r H_m(1)=502.1kJ/mol$$
$$HO(g)\longrightarrow H(g)+O(g)；\quad \Delta_r H_m(2)=423.4kJ/mol$$

所以：
$$HO(g)=\frac{\Delta_r H_m(1)+\Delta_r H_m(2)}{2}=462.8kJ/mol$$

由物质的键焓计算化学反应的热效应的通式为：

$$\Delta_r H^{\ominus}=-\sum \upsilon_B \Delta H_m^{\ominus}(B) \tag{2-6}$$

### 2.3.4　由燃烧焓计算反应的热效应

在某温度时的标准状态下，1mol 物质完全燃烧时的标准摩尔焓变称为该物质在该温度下的标准摩尔燃烧焓，符号为 $\Delta_c H_m^{\ominus}$。

所谓完全燃烧，是指被燃烧物质完全氧化成指定产物，如 C、H、N 完全氧化的指定产物分别为 $CO_2(g)$、$H_2O(l)$、$N_2(g)$。其他一些单质有关数据表上会注明，查阅时需加以注意。

根据标准摩尔燃烧焓的定义，标准状态下的 $CO_2(g)$、$H_2O(l)$、$N_2(g)$ 等燃烧产物的标准摩尔燃烧焓为零。

由物质的标准摩尔燃烧焓计算化学反应的热效应的通式为：

$$\Delta_r H^{\ominus}=-\sum \upsilon_B \Delta_c H_m^{\ominus}(B) \tag{2-7}$$

上述公式的意义为：一定温度下，某有机化合物反应的标准摩尔反应焓等于在该温度下参加反应各物质的标准摩尔燃烧焓与各物质在该化学反应式下化学计量数乘积之和的负值。

**【例 2-4】** 已知 25℃ $C_2H_5OH$ 的标准摩尔燃烧焓 $\Delta_c H_m^{\ominus}(C_2H_5OH,l)=-1366.91kJ/mol$，已知 $\Delta_c H_m^{\ominus}(C)=-393.51kJ/mol$，$\Delta_c H_m^{\ominus}(H_2,g)=-285.83kJ/mol$。求在 25℃ 时 $C_2H_5OH$ 的标准摩尔生成焓 $\Delta_f H_m^{\ominus}(C_2H_5OH,l)$。

**解：** $C_2H_5OH$ 的生成反应为：

$$2C(s)+3H_2(g)+\frac{1}{2}O_2(g)\Longrightarrow C_2H_5OH(l)$$

由公式得：$\Delta_f H_m^{\ominus}(C_2H_5OH,l)=2\Delta_c H_m^{\ominus}(C)+3\Delta_c H_m^{\ominus}(H_2,g)-\Delta_c H_m^{\ominus}(C_2H_5OH,l)$
$$=-277.58kJ/mol$$

# 2.4 基尔霍夫定律

上一节讲述了计算反应热效应的 4 种方法，它们有一个共同特征，都需要利用热力学数据表来进行计算。也就是说，上述的 4 种计算方法是有条件的，即 100kPa、298.15K 条件下。而很多反应的温度都不是 298.15K，如合成氨反应在 500℃，二氧化硫的转化反应是在 450℃ 等。因此，需要解决不同温度下热效应的计算。

对于某一个反应，$A+B \longrightarrow AB$，如果已知 $T_1$ 温度下的热效应 $\Delta_r H(T_1)$，为了求该反应在 $T_2$ 温度下的热效应 $\Delta_r H(T_2)$，可以设计如下过程：

$$
\begin{array}{ccc}
A+B & \xrightarrow{\Delta_r H(T_2)} & AB \\
\Big\downarrow \Delta H_1 & \xrightarrow[\Delta_r H(T_1)]{} & \Big\uparrow \Delta H_2 \\
A+B & & AB
\end{array}
$$

$\Delta_r H(T_2)$ 为在 $T_2$ 温度进行等温反应的热效应；$\Delta H_1$ 为将反应物的温度从 $T_2$ 降到 $T_1$ 的热效应；$\Delta H_2$ 为将反应物的温度从 $T_1$ 升到 $T_2$ 的热效应。

所以：
$$
\begin{aligned}
\Delta_r H(T_2) &= \Delta_r H(T_1) + \Delta H_1 + \Delta H_2 \\
&= \Delta_r H(T_1) + \int_{T_2}^{T_1}(C_{p,A}+C_{p,B})dT + \int_{T_1}^{T_2} C_{p,AB}dT \\
&= \Delta_r H(T_1) + \int_{T_1}^{T_2}(C_{p,AB}-C_{p,A}-C_{p,B})dT \\
&= \Delta_r H(T_1) + \int_{T_1}^{T_2} \Delta C_p dT
\end{aligned}
\tag{2-8}
$$

上式称为基尔霍夫（G. R. Kirchoff，德国化学家）定律。它反映了同一化学反应的两个不同温度的热效应之间的关系。

**【例 2-5】** 利用以下数据表

| 热力学数据 | Al(s) | FeO(s) | Al$_2$O$_3$(s) | Fe(s) |
|---|---|---|---|---|
| $\Delta_f H_m^{\ominus}$(298.15K)/(kJ/mol) | 0 | $-266.5$ | $-1670.0$ | 0 |
| $C_{p,m}$/[J/(K·mol)] | 20.67 | 51.80 | 114.6 | 17.5 |

求反应 $2Al(s)+3FeO(s) \longrightarrow Al_2O_3(s)+3Fe$ 在 850K 时的热效应。

**解：**
$$
\begin{aligned}
\Delta_r H_m^{\ominus}(298.15K) &= \Delta_f H_m^{\ominus}(Al_2O_3,s)+3\Delta_f H_m^{\ominus}(Fe,s)-3\Delta_f H_m^{\ominus}(FeO,s) \\
&\quad -2\Delta_f H_m^{\ominus}(Al,s) \\
&= -870.5 \text{kJ/mol}
\end{aligned}
$$

$$
\begin{aligned}
\sum v_B C_{p,m,B} &= C_{p,m}(Al_2O_3,s)+3C_{p,m}(Fe,s)-3C_{p,m}(FeO,s) \\
&\quad -2C_{p,m}(Al,s) \\
&= -29.64 \text{J/(K·mol)}
\end{aligned}
$$

$$
\begin{aligned}
\Delta_r H_m^{\ominus}(850K) &= \Delta_r H_m^{\ominus}(298.15K) + \int_{298.15K}^{850K} \sum(v_B C_{p,m,B})dT \\
&= -870.5 - 29.64 \times 10^{-3} \times (850-298.15) \\
&= -886.86 \text{kJ/mol}
\end{aligned}
$$

# 习 题

1. 已知 25℃ 下萘的标准摩尔生成焓 $\Delta_f H_m^{\ominus} = 78.80$kJ/mol，计算萘在 25℃ 下标准摩尔

燃烧焓 $\Delta_c H_m^{\ominus}$。反应为：$C_{10}H_8(s)+12O_2(g) \longrightarrow 10CO_2(g)+4H_2O(l)$

2. 利用下面各反应 25℃下的标准摩尔反应焓，求 $AgCl(s)$ 在 25℃下的标准摩尔生成焓 $\Delta_f H_m^{\ominus}$。

$$Ag_2O(s)+2HCl(g) \longrightarrow 2AgCl(s)+H_2O(l); \quad \Delta_r H_m^{\ominus}=-323.35kJ/mol$$

$$2Ag(s)+\frac{1}{2}O_2(g) \longrightarrow Ag_2O(s); \quad \Delta_r H_m^{\ominus}=-31.0kJ/mol$$

$$\frac{1}{2}H_2(g)+\frac{1}{2}Cl_2(g) \longrightarrow HCl(g); \quad \Delta_r H_m^{\ominus}=-92.31kJ/mol$$

$$H_2(g)+\frac{1}{2}O_2(g) \longrightarrow H_2O(l); \quad \Delta_r H_m^{\ominus}=-285.83kJ/mol$$

3. 根据下列数据计算 $ZnSO_4(s)$ 的标准生成热。

$$ZnS(s) \longrightarrow Zn(s)+S(s); \quad \Delta_r H_m^{\ominus}(298.15K)=184.1kJ/mol$$

$$2ZnS(s)+3O_2(g) \longrightarrow 2ZnO(s)+2SO_2(s); \quad \Delta_r H_m^{\ominus}(298.15K)=-928.3kJ/mol$$

$$2SO_2(s)+O_2(g) \longrightarrow 2SO_3(g); \quad \Delta_r H_m^{\ominus}(298.15K)=-196.1kJ/mol$$

$$ZnSO_4(s) \longrightarrow ZnO(s)+SO_3(g); \quad \Delta_r H_m^{\ominus}(298.15K)=230.5kJ/mol$$

4. 已知 $C_2H_5OH$ (l) 在 25℃时的燃烧焓为 $-1366.8kJ/mol$，试利用 $CO_2(g)$ 和 $H_5O$ (l) 在 25℃时的生成焓，计算 $C_2H_5OH(l)$ 在 25℃时的生成焓。

5. 利用标准生成焓数据和下列数据，求反应 $C(s)+CO_2(g) \longrightarrow 2CO(g)$ 在 600K 时的热效应。

$C_{p,m}(C)=11.17+0.0109T$，单位为 $J/(K \cdot mol)$

$C_{p,m}(CO)=27.61+0.0050T$，单位为 $J/(K \cdot mol)$

$C_{p,m}(CO_2)=32.22+0.0222T$，单位为 $J/(K \cdot mol)$

6. 已知 $NO_2$ 标准摩尔生成焓为 $33.89kJ/mol$；$N_2O_4$ 标准摩尔生成焓为 $9.73kJ/mol$，相应的热容为：

$C_{p,m}(NO_2)=42.93+8.54 \times 10^{-3}T-6.74 \times 10^5 T^{-2}$，单位为 $J/(K \cdot mol)$

$C_{p,m}(N_2O_4)=83.89+38.75 \times 10^{-3}T-14.9 \times 10^5 T^{-2}$，单位为 $J/(K \cdot mol)$

求反应 $2NO_2 \Longrightarrow N_2O_4$ 的 $\Delta_r H_m^{\ominus}(400K)$。

7. 25℃时液态乙苯的标准摩尔生成焓 $\Delta_f H_m^{\ominus}=-18.60kJ/mol$，液态苯乙烯的标准摩尔燃烧焓 $\Delta_c H_m^{\ominus}=-4332.8kJ/mol$，计算 25℃、100kPa 时乙苯脱氢反应：$C_6H_5C_2H_5(l) \longrightarrow C_6H_5C_2H_3(l)+H_2(g)$ 的标准摩尔反应焓（如用到其他数据可查阅热力学数据表）。

8. 计算反应 $CH_3COOH(g) \longrightarrow CH_4(g)+CO_2(g)$ 在 727℃时的标准摩尔反应焓。已知该反应在 25℃时的标准摩尔反应焓为 $-36.12kJ/mol$，$CH_3COOH(g)$、$CH_4(g)$、$CO_2$ (g) 的摩尔等压热容分别为 $66.5J/(mol \cdot K)$、$35.309J/(mol \cdot K)$、$37.11J/(mol \cdot K)$。

9. 已知 25℃、100kPa 时的下列反应：

$$C_2H_4(g)+3O_2(g) \longrightarrow 2CO_2(g)+2H_2O(g); \quad \Delta H_1=-136.8kJ/mol$$

$$C_2H_6(g)+\frac{7}{2}O_2(g) \longrightarrow 2CO_2(g)+3H_2O(g); \quad \Delta H_2=-1545kJ/mol$$

$$H_2(g)+\frac{1}{2}O_2(g) \longrightarrow H_2O(g); \quad \Delta H_3=-241.8kJ/mol$$

计算乙烷脱氢反应在此条件下的反应焓。

10. 高炉冶炼生铁时有下列间接还原反应发生：

$$Fe_2O_3(s) + 3CO(g) \longrightarrow 2Fe(s) + 3CO_2(g)$$

(1) 计算 298.15K、100kPa 时反应的热效应。

(2) 计算 1000K、100kPa 时反应的热效应。

# 第3章
# 热力学第二定律

> **重点内容提要：**
> 1. 掌握自发过程的共同特征。
> 2. 掌握热力学第二定律的两种经典表述。
> 3. 掌握克劳修斯不等式和熵增加原理。
> 4. 掌握熵的计算和热力学第三定律。
> 5. 掌握亥姆霍兹自由能和吉布斯自由能的含义及计算。
> 6. 深刻理解特性函数的意义。
> 7. 掌握热力学基本方程式及其应用。

热力学第一定律的本质是能量转化及守恒定律，通过热力学第一定律可以了解在变化过程中各种能量是如何相互转化的，以及这种转化的定量关系。但是热力学第一定律不能告诉我们一个未知的化学反应能否自发进行；如果反应能够进行，反应的方向和限度是什么，或者是否能够通过改变反应条件使反应向所需要的方向进行，这些问题热力学第一定律都不能回答。所以要通过学习热力学第二定律来解决变化的方向和限度问题。

## 3.1 热力学第二定律

### 3.1.1 自发过程的共同特征

在一定条件下，没有外力的推动和影响，体系按照自身的特性发展变化的过程称为自发过程。例如：

① 焦耳的热功当量实验，重物从高到低运动，带动水浴搅拌器工作，水浴水温升高。

② 将两个温度不同的物体相互接触，热会自发地从高温物体传向低温物体，直至两个物体温度相等。

③ 气体会自动从高压区域向低压区域流动，直至各处压力相等。

上面的 3 个例子都是自发过程，它们都不违背能量守恒和转化定律，但它们的逆过程是难以想象的，也是不会自动发生的。所以自发过程都是有一定的方向和限度的。

### 3.1.2 热力学第二定律的两个经典表述

热力学第二定律有多种不同的表述方式，比较经典的有克劳修斯（Clausius）的和开尔文（Kelvin）的两种说法。

克劳修斯的说法："不可能把热从低温物体传到高温物体而不引起其他变化。"

开尔文的说法："不可能从单一热源取出热使之完全变为功而不发生其他变化。"

开尔文的说法也可表述为："第二类永动机是不可能造成的"。若能造成这种机器，单一热源可选择海洋或大气，就可以无限制地从海洋或大气中吸取热量，使之转变为功，实践证明这是不可能的，这是人类经验的总结。

克劳修斯和开尔文的说法好像表述了两件不相关的事，但从本质上讲是等价的。可以用反证法证明，例如，若开尔文的说法不成立，即可以从单一热源（低温物体）取出热量，使之完全变为功而不发生其他变化，再使这部分功全部变为热并传给高温物体。这个全过程就相当于可以把热量从低温物体传给高温物体而不发生其他变化。这个结论就与克劳修斯的说法是相违背的。

### 3.1.3 热力学第二定律的本质

热是分子混乱运动的一种表现，而功是分子有序运动的结果。功转变成热是从规则运动转化为不规则运动，混乱度增加，是自发的过程；而要将无序运动的热转化为有序运动的功就不可能自动发生。热力学第二定律的本质可以表述为热功转换的不可逆性。

## 3.2　熵的定义

通过上面的学习，我们知道自发变化过程都是有方向性的，我们也知道这种方向性的本质是热功转换的不可逆性，但是以上的学习都是停留在语言表述的层面，缺乏明确的数学表述，因此我们还要学习新的函数。

### 3.2.1 卡诺循环

设有两个热容很大的热源，高温热源的温度为 $T_1$，低温热源的温度为 $T_2$（如图 3-1 所示），工作物质为理想气体。热机由状态 $A$（$p_1$、$V_1$、$T_1$）经等温可逆膨胀到状态 $B$（$p_2$、$V_2$、$T_1$），由状态 $B$ 经绝热可逆膨胀到状态 $C$（$p_3$、$V_3$、$T_2$），由状态 $C$ 经等温可逆压缩到状态 $D$（$p_4$、$V_4$、$T_2$）、由状态 $D$ 经绝热可逆压缩回到状态 $A$，完成一个可逆循环（如图 3-2 所示）。

（1）$A-B$ 等温可逆膨胀

该过程中：
$$\Delta U_1 = 0$$
$$Q_1 = -W_1 = nRT_1 \ln \frac{V_2}{V_1}$$

（2）$B-C$ 绝热可逆膨胀

该过程中：
$$Q = 0$$
$$W_2 = \Delta U_2 = nC_{V,m}(T_2 - T_1)$$

（3）$C-D$ 等温可逆压缩

该过程中：
$$\Delta U_3 = 0$$

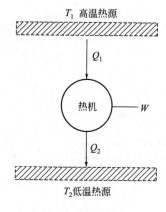

图 3-1　卡诺热机

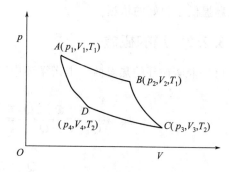

图 3-2　卡诺循环

$$Q_2 = -W_3 = nRT_2 \ln \frac{V_4}{V_3}$$

（4）$D-A$ 绝热可逆压缩

该过程中：

$$Q=0$$

$$W_4 = \Delta U_4 = nC_{V,m}(T_1 - T_2)$$

经过 $A-B-C-D-A$，体系经过了一个循环，所做总功：

$$W = W_1 + W_2 + W_3 + W_4$$

$$= -nRT_1 \ln \frac{V_2}{V_1} - nRT_2 \ln \frac{V_4}{V_3}$$

又因为：

$$T_1 V_2^{\gamma-1} = T_2 V_3^{\gamma-1}$$

$$T_1 V_1^{\gamma-1} = T_2 V_4^{\gamma-1}$$

所以：

$$\frac{V_2}{V_1} = \frac{V_4}{V_3}$$

所以：

$$W = -nR(T_1 - T_2)\ln \frac{V_2}{V_1}$$

所以卡诺热机效率：

$$\eta_R = \frac{-W}{Q_1} = \frac{Q_1 + Q_2}{Q_2} = \frac{nR(T_1-T_2)\ln \dfrac{V_2}{V_1}}{nRT_1 \ln \dfrac{V_2}{V_1}} = \frac{T_1 - T_2}{T_1} \tag{3-1}$$

卡诺热机是一个假想的热机，热机效率是小于 1 的。一般蒸汽机的效率约为 8%，汽油机的效率约 24%，柴油机的效率约 37%，最高的液体燃料火箭其效率也只有约 48%。

## 3.2.2　卡诺定理

卡诺热机是以理想气体为工作物质的可逆热机，循环的每一步都可逆，因此系统对环境所做的功最大，热机效率最高。然而，实际热机的工作物质不是理想气体，其循环也不是卡诺循环。那么，实际热机的效率和可逆热机的效率之间有什么关系，卡诺定理给出了答案。

卡诺定理：所有工作在同温热源和同温冷源之间的热机，可逆机的效率最高。

卡诺定理的推论：工作在同温热源和同温冷源之间的可逆热机，效率相同。

$$\eta_I \leqslant \eta_R \tag{3-2}$$

上式中"="表示可逆;"<"表示不可逆。

卡诺定理在物理化学中的重要意义在于它提供了一个不等号，为以后解决变化方向和限度问题提供了很好的依据。

### 3.2.3 熵的概念

（1）卡诺循环的热温商　卡诺循环中因为：

$$\eta_R = \frac{-W}{Q_1} = \frac{Q_1 + Q_2}{Q_1} = \frac{nR(T_1 - T_2)\ln\dfrac{V_2}{V_1}}{nRT_1\ln\dfrac{V_2}{V_1}} = \frac{T_1 - T_2}{T_1}$$

所以：

$$\frac{Q_1 + Q_2}{Q_1} = \frac{T_1 - T_2}{T_1}$$

则：

$$1 + \frac{Q_2}{Q_1} = 1 - \frac{T_2}{T_1}$$

移项变形为：

$$\frac{Q_1}{T_1} + \frac{Q_2}{T_2} = 0 \tag{3-3}$$

上式的物理意义为：卡诺循环中，热温商之和为 0。

（2）任意可逆循环的热温商　图 3-3 中封闭曲线代表的任意可逆循环过程，可以用若干彼此排列极为接近的绝热线和等温线，将其分割成许多小的卡诺循环。图中虚线对上一个循环来说是绝热可逆压缩线，而对下一个循环来说是绝热可逆膨胀线，两者重叠，彼此抵消，故实际不存在。所以，这些小卡诺循环的总效果就是图中的封闭折线。如果每个小卡诺循环都取的极其微小，封闭的折线就与封闭曲线完全重合。因此，任何一个可逆循环都可以用一连串极小的卡诺循环来代替。对每个卡诺循环都有 $\dfrac{Q_1}{T_1} + \dfrac{Q_2}{T_2} = 0$，所以对整个任意的可逆循环有：$\sum\limits_{i=1}^{i} \dfrac{(\delta Q)}{T} = 0$，也可以表示为：

$$\oint \frac{(\delta Q_i)}{T_i} = 0 \tag{3-4}$$

式（3-4）的物理意义为：任意可逆循环的热温商之和为 0。

（3）熵的定义　假设某个任意可逆循环由 Ⅰ 和 Ⅱ 两个过程组成，如图 3-4 所示。

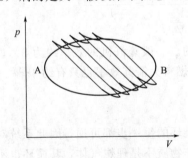

图 3-3　任意的可逆循环

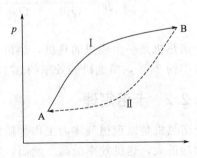

图 3-4　可逆循环过程

按照前面任意可逆循环的热温商之和为 0 的结论，则：

$$\oint \frac{(\delta Q_i)}{T_i} = \int_A^B \left(\frac{\delta Q}{T}\right)_{\mathrm{I}} + \int_B^A \left(\frac{\delta Q}{T}\right)_{\mathrm{II}} = 0$$

移项得：
$$\int_A^B \left( \frac{\delta Q}{T} \right)_I = -\int_B^A \left( \frac{\delta Q}{T} \right)_{II} = \int_A^B \left( \frac{\delta Q}{T} \right)_{II}$$

上面的推理显示，只要起始状态为 A，终了状态为 B，不管是走途径 Ⅰ 还是途径 Ⅱ，$\frac{\delta Q}{T}$ 的数值都不变，$\frac{\delta Q}{T}$ 具备了状态函数的特性，因此，克劳修斯定义了一个新的函数，称为熵（entropy），用符号"$S$"表示。

$$\Delta S = S_B - S_A = \int_A^B \left( \frac{\delta Q}{T} \right)_R \tag{3-5}$$

微分式为：
$$dS = \left( \frac{\delta Q}{T} \right)_R \tag{3-6}$$

熵的单位是 J/K。

关于熵的理解应该做到以下几点：

① 熵是非常重要的热力学状态函数之一。

② 熵和热温商是两个截然不同的概念，二者只是在可逆条件下数值相等而已，在不可逆条件下，二者没有相等关系。

（4）熵的微观意义　为了说清楚熵的微观含义，我们先弄清楚热力学概率和数学概率的区别，热力学概率就是实现某种宏观状态的微观状态数，以 $\Omega$ 表示；数学概率是热力学概率与总的微观状态数之比。

今有 4 个小球 a、b、c、d，欲将其分装在两个相同的盆子中，可有下列分配方式，如下表所示。

| 分配方式 | 分配数 | 盒 1 | 盒 2 |
| --- | --- | --- | --- |
| (4,0) | $C_4^4 = 1$ | abcd | 0 |
| (3,1) | $C_4^3 = 4$ | abc | d |
| | | abd | c |
| | | acd | b |
| | | bcd | a |
| (2,2) | $C_4^2 = 6$ | ab | cd |
| | | ac | bd |
| | | ad | bc |
| | | bc | ad |
| | | bd | ac |
| | | cd | ab |
| (1,3) | $C_4^1 = 4$ | d | abc |
| | | c | abd |
| | | b | acd |
| | | a | bcd |
| (0,4) | $C_4^0 = 1$ | 0 | abcd |

由于小球的无规则运动，每种花样出现的数学概率是相同的，都是 $\frac{1}{16}$，（2,2）这种均匀分布实现的方式（微观状态数）最多，共有 6 个，其热力学概率为 6，数学概率为 $\frac{6}{16}$。

微观分子的数目很大，如 1mol 气体有 $6.02 \times 10^{23}$ 个分子。这么多分子全部集中于一个盒中的热力学概率还是 1，而其数学概率只有 $\dfrac{1}{6.02 \times 10^{23}}$，这是一个极小的数。而均匀分布于两盒中的数学概率很大，在宏观上观察到的现象基本上是由这种均匀分布表现出来的性质所决定的。

所以一切自发变化总是向着热力学概率增大的方向进行，最终达到热力学概率最大的平衡状态为止。与此同时，隔离系统的熵也增加了。因此一个状态的熵与其热力学概率之间必有联系，可用函数关系表示为：

$$S = k \ln \Omega \tag{3-7}$$

上式就是著名的玻耳兹曼公式。

# 3.3　热力学第二定律的数学形式与熵增加原理

克劳修斯和开尔文对热力学第二定律做了经典的表述，那么热力学第二定律的数学形式是什么呢？在本节中将做详细的介绍。

## 3.3.1　不可逆循环的热温商的结论

卡诺定理告诉我们，工作在同温热源和同温冷源之间的热机，可逆机的效率最高，即 $\eta_{IR} < \eta_R$

结合热机效率公式：$\eta_{IR} = \left(\dfrac{W}{Q_1}\right)_{IR} = \left(\dfrac{Q_1 + Q_2}{Q_1}\right)_{IR} = 1 + \left(\dfrac{Q_2}{Q_1}\right)_{IR}$

$$\eta_R = \dfrac{T_1 - T_2}{T_1} = 1 - \dfrac{T_2}{T_1}$$

所以：

$$1 + \left(\dfrac{Q_2}{Q_1}\right)_{IR} < 1 - \dfrac{T_2}{T_1}$$

移项变形得：

$$\left(\dfrac{Q_1}{T_1} + \dfrac{Q_2}{T_2}\right)_{IR} < 0$$

$$\sum \left(\dfrac{\delta Q}{T}\right)_{IR} < 0 \tag{3-8}$$

由式(3-8) 得到一个结论：不可逆循环的热温商之和小于 0。

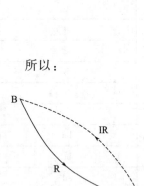

图 3-5　不可逆循环过程

## 3.3.2　热力学第二定律的数学形式

在得出不可逆循环的热温商之和的结论后，可以设计如图 3-5所示的不可逆循环过程。

$$\sum \left(\dfrac{\delta Q}{T}\right)_{IR, A \to B} + \sum \left(\dfrac{\delta Q}{T}\right)_{R, B \to A} < 0$$

$$\sum \left(\dfrac{\delta Q}{T}\right)_{IR, A \to B} + \Delta S_{B \to A} < 0$$

$$\Delta S_{A \to B} - \sum \left(\dfrac{\delta Q}{T}\right)_{IR, A \to B} > 0 \tag{3-9}$$

$$\Delta S - \sum \left(\dfrac{\delta Q}{T}\right) \geqslant 0 \tag{3-10}$$

"＞"表示不可逆；"＝"表示可逆。式(3-10)就是著名的克劳修斯不等式，也称为热力学第二定律的数学表达式。有了这个公式，我们就可以把过程的可逆与不可逆和数学中的不等号联系在一起，这是一个重大的突破。

### 3.3.3　熵增加原理

如果系统是一个隔离体系，则 $Q=0$，克劳修斯不等式 $\Delta S-\sum\left(\dfrac{\delta Q}{T}\right)\geqslant 0$ 就变成了如下的形式：

$$(\Delta S)_{U,V}\geqslant 0 \tag{3-11}$$
$$(dS)_{U,V}\geqslant 0 \tag{3-12}$$

下标"$U$，$V$"恒定表示绝热，式(3-11)或式(3-12)就是熵增加原理，它的物理意义是一个隔离体系的熵永不减少。这个公式非常清楚地告诉我们一个隔离体系的变化的方向和限度。即一个隔离体系朝着熵增加的方向进行，当熵值最大时，就是体系变化的最大限度。

当然这个公式的使用条件比较苛刻，但不影响这个公式的重大意义。为了解决问题方便，可以把一个体系拼凑成隔离体系或者定义新的函数。

# 3.4　亥姆霍兹自由能和吉布斯自由能

在热力学第二定律中，从原则上讲，有了熵函数，就可以判断过程的方向和限度，但熵增加原理的绝热条件过于苛刻。实际过程中绝大多数的反应都是在等温、等容条件或等温、等压条件下进行的，为了更方便地解决变化进行的方向及限度问题，很有必要引进新的状态函数——亥姆霍兹函数和吉布斯函数。

### 3.4.1　亥姆霍兹自由能

一个封闭体系经历一个等温过程，从环境中吸收 $\delta Q$ 的热。结合热力学第一定律：$dU=\delta Q+\delta W$，热力学第二定律：$dS\geqslant\dfrac{\delta Q}{T}$，消去 $\delta Q$，得：$TdS\geqslant dU-\delta W$

移项得：$\qquad\qquad\qquad dU-TdS\leqslant\delta W$

因为变化在等温条件下进行，所以：$d(U-TS)\leqslant\delta W$

定义：$\qquad\qquad\qquad A=U-TS \tag{3-13}$

$A$ 称为亥姆霍兹函数（Helmholts function）或亥姆霍兹自由能（Helmholts free energy）。

所以：$\qquad\qquad\qquad dA\leqslant\delta W \tag{3-14}$

式(3-14)具有重要的物理意义，等温条件下，一个封闭体系所做的最大功等于亥姆霍兹函数的减少。这个公式是计算亥姆霍兹自由能的唯一来源。

如果在增加等容，不做其他功的条件，公式(3-14)变为：

$$dA\leqslant 0 \tag{3-15}$$

式(3-15)具有重要的物理意义，等温等容，不做其他功，一个封闭体系总是朝着亥姆霍兹自由能减少的方向进行。

### 3.4.2　吉布斯自由能

一个封闭体系经历一个等温过程，从环境中吸收 $\delta Q$ 的热。结合热力学第一定律：$dU=$

$\delta Q + \delta W$，热力学第二定律：$dS \geqslant \dfrac{\delta Q}{T}$，消去 $\delta Q$，得：$T dS \geqslant dU - \delta W$

移项得：
$$dU - T dS \leqslant \delta W$$

因为变化在等温条件下进行，所以：$d(U - TS) \leqslant \delta W$

即
$$d(U - TS) \leqslant \delta W_e + \delta W_f$$

即
$$d(U - TS) \leqslant -p dV + \delta W_f$$

移项得：
$$d(U - TS) + p dV \leqslant \delta W_f$$

如果体系变化在等压条件下进行，得：
$$d(U + pV - TS) \leqslant \delta W_f$$

即
$$d(H - TS) \leqslant \delta W_f$$

定义：
$$G = H - TS \qquad (3\text{-}16)$$

$G$ 称为吉布斯函数（Gibbs function）或吉布斯自由能（Gibbs free energy）。

所以：
$$dG \leqslant \delta W_f \qquad (3\text{-}17)$$

式(3-17)具有重要的物理意义，等温等压条件下，一个封闭体系所做的最大的非体积功等于吉布斯函数的减少。

当非体积功 $\delta W_f = 0$ 时，公式(3-17)具备如下形式：
$$dG \leqslant 0 \qquad (3\text{-}18)$$

式(3-18)具有重要的物理意义，等温等压，不做其他功，一个封闭体系总是朝着吉布斯自由能减少的方向进行。

# 3.5　热力学判据及 $\Delta S$、$\Delta G$ 的计算

## 3.5.1　热力学判据

在这一章中，我们学习了三个状态函数 $S$、$A$、$G$，其中 $S$ 是基本函数，$A$、$G$ 是两个辅助函数。这三个函数作为变化方向及限度的判据。

$$(dS)_{U,V} \geqslant 0$$

$$(dA)_{T,V,W_f=0} \leqslant 0$$

$$(dG)_{T,p,W_f=0} \leqslant 0$$

## 3.5.2　物理变化过程中熵变的计算

熵函数的计算是一个非常重要的内容，我们在这一个小节中讲解物理变化和化学变化的熵变的计算，当然在计算时要充分考虑熵是状态函数的特性，在不可逆过程中可以设计可逆过程来计算熵变。

（1）等温过程

$$\Delta S = \int_1^2 \left( \frac{\delta Q}{T} \right) = \frac{Q}{T} \qquad (3\text{-}19)$$

上式中 $T$ 是指环境温度。

对理想气体而言，在等温条件下 $\Delta U = 0$：

$$\Delta S = \frac{Q}{T} = \frac{-W}{T} = \frac{nRT \ln \dfrac{V_2}{V_1}}{T} = nR \ln \frac{V_2}{V_1} = nR \ln \frac{p_1}{p_2} \qquad (3\text{-}20)$$

（2）等压过程　在等压可逆（如过程是不可逆的，仍可按可逆过程计算）过程中：

$$\delta Q = nC_{p,m}\mathrm{d}T$$

$$\mathrm{d}S = \frac{nC_{p,m}\mathrm{d}T}{T} \tag{3-21}$$

$$\Delta S = \int_{T_1}^{T_2} \frac{nC_{p,m}\mathrm{d}T}{T} \tag{3-22}$$

（3）等容过程　在等容可逆（如过程是不可逆的，仍可按可逆过程计算）过程中：

$$\delta Q = nC_{V,m}\mathrm{d}T$$

$$\mathrm{d}S = \frac{nC_{V,m}\mathrm{d}T}{T} \tag{3-23}$$

$$\Delta S = \int_{T_1}^{T_2} \frac{nC_{V,m}\mathrm{d}T}{T} \tag{3-24}$$

【例 3-1】　1mol 理想气体始态为 273K、100kPa，分别经恒温可逆膨胀、外压恒定为 100kPa 的恒外压膨胀，求上述过程中体系的熵变。

解：因为 $S$ 是状态函数，所以不论变化的途径如何，$\Delta S$ 相同。

$$\Delta S = nR\ln\frac{p_1}{p_2}$$

$$= \left(1 \times 8.314 \times \ln\frac{100}{10}\right)\mathrm{J/K}$$

$$= 19.1\mathrm{J/K}$$

【例 3-2】　100g、283K 的水与 200g、313K 的水混合，求过程的熵变。已知水的摩尔等压热容 $C_{p,m} = 75.3\mathrm{J/(K \cdot mol)}$。

解：设混合后的水温为 $T$，水的摩尔质量为 18.02g/mol

$$\frac{100}{18.02} \times C_{p,m}(T-283) = \frac{200}{18.02} \times C_{p,m}(313-T)$$

$$T = 303\mathrm{K}$$

$$\Delta S = \Delta S_1 + \Delta S_2$$

$$= \frac{100}{18.02} \times 75.3\ln\frac{303}{283} + \frac{200}{18.02} \times 75.3\ln\frac{303}{313}$$

$$= 1.40\mathrm{J/K}$$

### 3.5.3　等温等压可逆相变过程熵变的计算

液体在其饱和蒸气压下的恒温蒸发，固体在其饱和蒸气压下的恒温升华，固体在其熔点时的熔化等均为可逆过程，其熵变为其相应的相变潜热除以温度：

$$\Delta S = \frac{Q_R}{T} = \frac{Q_p}{T} = \frac{\Delta H}{T} \tag{3-25}$$

【例 3-3】　1mol 的冰在 273.15K 时熔化为水，已知熔化热为 6006.97J/mol，求体系的熵变。

解：

$$\Delta S = \frac{\Delta H}{T} = \frac{6006.97}{273.15}\mathrm{J/K} = 22\mathrm{J/K}$$

### 3.5.4　化学变化过程的熵变的计算

（1）热力学第三定律　1906 年，能斯特（Nernst）根据低温下凝聚系统化学反应的实

验结果提出了一个假设，后经修正为：随着热力学温度趋于零，凝聚系统恒温过程的熵变趋于零。该假设也称为能斯特热定理，即

$$\lim_{T \to 0K} (\Delta S)_T = 0 \tag{3-26}$$

普朗克（Plank）进一步假设；在热力学温度绝对零度时，纯物质完美晶体的熵值可作为零，即

$$S(0K) = 0 \tag{3-27}$$

在能斯特和普朗克等提法的基础之上，逐渐形成了热力学第三定律，即"在 0K 时，纯物质完整晶体的熵值等于零"。所谓完整晶体是指晶体里的粒子（分子、原子等）只有一种排列方式。比如 CO 就有两种排列方式，$\overrightarrow{CO}$和$\overleftarrow{OC}$，所以不是完整晶体。

（2）规定熵　有了热力学第三定律，我们就有能力可以计算纯物质在任意温度时的熵，称为绝对熵或规定熵。

设一物质在一定温度范围内没有相变及其他变化发生。因为在绝对零度时它的熵 $S(0K) = 0$，所以在温度 $T$ 时的绝对熵是：

$$S(T) = S(0K) + \int_{0K}^{T} \left( \frac{C_p}{T} \right) dT = \int_{0K}^{T} \left( \frac{C_p}{T} \right) dT \tag{3-28}$$

1mol 物质在标准状态时的绝对熵称为标准摩尔熵，记作 $S_m^{\ominus}$。标准摩尔熵的用途之一是用它来计算反应在标准状态下进行时的熵变，即

$$\Delta_r S_m^{\ominus} = \sum \upsilon_B S_{m,B}^{\ominus} \tag{3-29}$$

【例 3-4】已知 $CO(g)$、$H_2(g)$、$CH_3OH(g)$ 的 $S_m^{\ominus}(298.15K)$ 分别为 197.5J/(K·mol)、103.57J/(K·mol)、239.70J/(K·mol)。利用以上数据计算甲醇合成反应：$CO(g) + 2H_2(g) \Longrightarrow CH_3OH(g)$ 在 298.15K 的 $\Delta_r S_m^{\ominus}$。

**解：**
$$\Delta_r S_m^{\ominus} = \sum \upsilon_B S_{m,B}^{\ominus}$$
$$= (1 \times 239.70 - 1 \times 197.56 - 2 \times 103.57)J/(K \cdot mol)$$
$$= -165J/(K \cdot mol)$$

尤其要注意有多个相变发生的过程的熵变的计算，在这类计算中要分段计算。

比如：计算 430K 时 1mol $H_2O(g)$ 的熵值 $S_m^{\ominus}$。在这个变化中，经历了水的气、液、固三种状态，属于有多个相变的过程，应分段计算，可设计如下途径：

0K 的冰 $\xrightarrow{\Delta S_1}$ 273.15K 的冰 $\xrightarrow{\Delta S_2}$ 273.15K 的水 $\xrightarrow{\Delta S_3}$ 373.15K 的水 $\xrightarrow{\Delta S_4}$ 373.15K 的水蒸气 $\xrightarrow{\Delta S_5}$ 430K 的水蒸气

$$\Delta S = \Delta S_1 + \Delta S_2 + \Delta S_3 + \Delta S_4 + \Delta S_5$$
$$= \int_{0K}^{273.15K} \frac{C_{p,m}(s)}{T} dT + \frac{\Delta_{fus} H_m}{273.15} + \int_{273.15K}^{373.15K} \frac{C_{p,m}(l)}{T} dT$$
$$+ \frac{\Delta_{vap} H_m}{373.15} + \int_{373.15K}^{430K} \frac{C_{p,m}(g)}{T} dT$$

## 3.5.5　$\Delta G$ 的计算

吉布斯函数 $G$ 是状态函数，只要起始状态、终了状态相同，$\Delta G$ 就为定值。

（1）等温过程

因为：$G = H - TS = U + pV - TS$

所以：$dG = dU + pdV + Vdp - TdS - SdT$

因为：$dU = \delta Q + \delta W = TdS - pdV$

所以：$dG = -SdT + Vdp$

等温条件下：$dG = Vdp$      (3-30)

理想气体等温、不发生相变时的 $\Delta G$ 计算公式如下：

$$\Delta G = \int_{p_1}^{p_2} Vdp = \int_{p_1}^{p_2} \frac{nRT}{p}dp = nRT\ln\frac{p_2}{p_1} \quad (3-31)$$

【例 3-5】 298.15K、1mol 理想气体由 100kPa 等温可逆膨胀到 10kPa，计算该过程的 $\Delta G$、$Q$、$W$、$\Delta U$、$\Delta H$、$\Delta A$、$\Delta S$。

**解：**理想气体等温过程：$\Delta U = 0$，$\Delta H = 0$

$$Q = -W = nRT\ln\frac{p_1}{p_2} = 5708J$$

$$W = nRT\ln\frac{p_2}{p_1} = -5708J$$

$$\Delta G = nRT\ln\frac{p_2}{p_1} = -5708J$$

$$\Delta S = \frac{Q}{T} = \frac{5708J}{298.15K} = 19.14J/K$$

$$\Delta A = W = -5708J$$

(2) 相变过程 $\Delta G$ 的计算

因为：$dG = -SdT + Vdp$

所以：$\Delta G = -\int_{T_1}^{T_2} SdT + \int_{p_1}^{p_2} Vdp$      (3-32)

如果发生等温等压可逆相变，则：$\Delta G = 0$      (3-33)

如果发生等温等压不可逆相变，则需要设计可逆途径来计算。

【例 3-6】 在压力为 100kPa 时，甲苯的沸点为 383.2K，计算 1kg 甲苯在沸点完全汽化为相同温度和压力下的甲苯蒸气过程中的 $Q$、$W$、$\Delta U$、$\Delta H$、$\Delta S$、$\Delta G$。已知甲苯在该条件下的 $\Delta_{vap}H_m = 33.30kJ/mol$，甲苯看成理想气体。

**解：**甲苯的摩尔质量 $M(C_6H_5CH_3) = 92.0 \times 10^{-3}kg/mol$

$$n = \frac{m}{M} = \frac{1}{92.0 \times 10^{-3}}mol = 10.87mol$$

$$Q = (33.30 \times 10.87)kJ = 362.0kJ$$

$$W = -p_e(V_g - V_l) \approx -p_eV_g = -nRT$$
$$= (-10.87 \times 8.314 \times 383.2)J = -34630J$$

$$\Delta U = Q + W = 327.37kJ$$

$$\Delta H = Q_p = 362.0kJ$$

$$\Delta S = \frac{Q}{T} = \frac{362.0 \times 10^3}{383.2} = 944.7J/K$$

$$\Delta G = 0$$

【例 3-7】 计算 298.15K、100kPa 条件下的 $H_2O(g)$ 相变为 298.15K、100kPa 条件下的 $H_2O(l)$ 的 $\Delta G$。已知 298.15K 时的水的饱和蒸汽压为 3168Pa。

**解：**因为在 298.15K、100kPa 条件下水的相变是不可逆过程，$\Delta G$ 不能直接求取，所以设计如下的方框图：

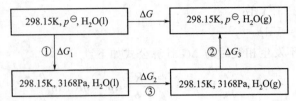

因为：$\Delta G_1 = \int_{p^\ominus}^{3168Pa} V\ (l)\ dp \approx 0$

$\Delta G_2 = 0$（等温等压可逆相变）

$\Delta G_3 = \int_{3168Pa}^{p^\ominus} V(g)dp = nRT\ln\dfrac{p^\ominus}{3168} = 8585.4J$

所以：$\Delta G = \Delta G_1 + \Delta G_2 + \Delta G_3 = 8585.4J$

（3）化学反应中 $\Delta G$ 的计算　在标准压力下，在进行反应的温度时，由最稳定单质生成 1mol 物质 B 的 $\Delta_f G_m^\ominus$ 称为该物质 B 的标准摩尔生成吉布斯自由能，记作：$\Delta_f G_m^\ominus$。

在标准压力、298.15K 时，化合物的 $\Delta_f G_m^\ominus$ 可以查热力学数据表，利用化合物的 $\Delta_f G_m^\ominus$ 计算化学反应的 $\Delta G$，可以按如下公式计算：

$$\Delta_r G_m^\ominus = \sum_B \upsilon_B \Delta_f G_m^\ominus(B) \tag{3-34}$$

也可以按如下公式计算：

$$\Delta_r G_m^\ominus = \Delta_r H_m^\ominus - T\Delta_r S_m^\ominus \tag{3-35}$$

【例 3-8】　利用下列热力学数据表：

| 热力学数据 | $C_2H_4(g)$ | $H_2O(g)$ | $C_2H_5OH(g)$ |
|---|---|---|---|
| $\Delta_r H_m^\ominus/(kJ/mol)$ | 52.28 | −241.83 | −235.31 |
| $\Delta_r S_m^\ominus/[J/(mol \cdot K)]$ | 219.45 | 188.72 | 282.00 |

计算乙烯水合制备乙醇反应：$C_2H_4(g) + H_2O(g) = C_2H_5OH(g)$ 的 $\Delta_r G_m^\ominus$。

**解：** $\Delta_r H_m^\ominus = \sum_B \upsilon_B \Delta_r H_m^\ominus(B)$

$= \Delta_f H_m^\ominus(C_2H_5OH,g) - \Delta_f H_m^\ominus(C_2H_4,g) - \Delta_f H_m^\ominus(H_2O,g)$

$= [-235.31 - 52.28 - (-241.83)]kJ/mol$

$= -45.76kJ/mol$

$\Delta_r S_m^\ominus = \sum_B \upsilon_B \Delta_r S_m^\ominus(B)$

$= \Delta_r S_m^\ominus(C_2H_5OH,g) - \Delta_r S_m^\ominus(C_2H_4,g) - \Delta_r S_m^\ominus(H_2O,g)$

$= (-282.00 - 219.45 - 188.72)J/(mol \cdot K)$

$= -126.17J/(mol \cdot K)$

$\Delta_r G_m^\ominus = \Delta_r H_m^\ominus - T\Delta_r S_m^\ominus$

$= [-45.76 - 298 \times (-126.17) \times 10^{-3}]kJ/mol$

$= -8.16kJ/mol$

## 3.6　热力学函数间的关系

到目前为止，我们系统地学习了五个热力学函数，$U$、$H$、$S$、$A$、$G$；系统地学习热力学第一定律和热力学第二定律已经能够解决能量问题、方向问题和限度问题。在这个小节中我们将把热力学第一定律和热力学第二定律联合起来，得到一些新的结论和应用。

通过前面的学习知道：

$$H = U + pV$$
$$A = U - TS$$
$$G = H - TS$$
$$G = A + pV$$

它们的关系也可以用图 3-6 表示。

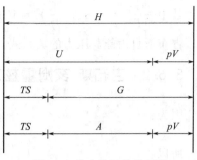

图 3-6　热力学函数关系图

### 3.6.1　热力学基本方程式

若在一个物质的量及组成均已确定的体系中发生单纯的 $p$、$V$、$T$ 变化，则在起始、终了状态间总能设计出一条没有非体积功的可逆途径来实现所指定的状态变化。在该途径中 $dW_e = -p\,dV$；$dQ = T\,dS$。将它们代入热力学第一定律 $dU = \delta Q + \delta W$，则得：

$$dU = T\,dS - p\,dV \tag{3-36}$$

因为：
$$H = U + pV$$

所以：
$$dH = dU + p\,dV + V\,dp$$

将式(3-36) 代入得：

$$dH = T\,dS + V\,dp \tag{3-37}$$

因为：
$$A = U - TS$$

所以：
$$dA = dU - T\,dS - S\,dT$$

将式(3-36) 代入得：

$$dA = -S\,dT - p\,dV \tag{3-38}$$

因为：
$$G = H - TS$$

所以：
$$dG = dH - T\,dS - S\,dT$$

将式(3-37) 代入得：

$$dG = -S\,dT + V\,dp \tag{3-39}$$

式(3-36)、式(3-37)、式(3-38)、式(3-39) 称为热力学基本方程式，它们的适用条件均为单组分均相封闭体系，不做非体积功。

由公式　　$dU = T\,dS - p\,dV$　　　　$dH = T\,dS + V\,dp$
　　　　　　$dA = -S\,dT - p\,dV$　　　$dG = -S\,dT + V\,dp$

可以得到以下非常有用的关系式：

$$T = \left(\frac{\partial U}{\partial S}\right)_V = \left(\frac{\partial H}{\partial S}\right)_p \tag{3-40}$$

$$p = -\left(\frac{\partial U}{\partial p}\right)_S = -\left(\frac{\partial A}{\partial V}\right)_T \tag{3-41}$$

$$S = -\left(\frac{\partial A}{\partial T}\right)_V = -\left(\frac{\partial G}{\partial T}\right)_p \tag{3-42}$$

$$V = \left(\frac{\partial H}{\partial p}\right)_S = \left(\frac{\partial G}{\partial p}\right)_T \tag{3-43}$$

其中 $\left(\dfrac{\partial G}{\partial T}\right)_p = -S$、$\left(\dfrac{\partial G}{\partial p}\right)_T = V$ 这两个关系式使用更广泛，也称之为吉布斯自由能与温度、吉布斯自由能与压力的关系式。

### 3.6.2　吉布斯-亥姆霍兹方程式

因为：
$$\left(\frac{\partial G}{\partial T}\right)_p = -S = \frac{G-H}{T}$$

所以：
$$\left(\frac{\partial \Delta G}{\partial T}\right)_p = -\Delta S = \frac{\Delta G - \Delta H}{T} \tag{3-44}$$

所以：
$$\left[\frac{\partial\left(\dfrac{\Delta G}{T}\right)}{\partial T}\right]_p = -\frac{\Delta H}{T^2} \tag{3-45}$$

上面公式称为吉布斯-亥姆霍兹方程式，由式（3-35）移项积分即可求出 $\Delta G$ 与 $T$ 之间的函数关系，积分时要用到第 2 章的基尔霍夫公式。这样，若已知某一温度下的 $\Delta G$，就可求出另一温度下的 $\Delta G$。

同理：
$$\left[\frac{\partial(\Delta A)}{\partial T}\right]_V = -\Delta S = \frac{\Delta A - \Delta U}{T}$$

$$\left[\frac{\partial\left(\dfrac{\Delta A}{T}\right)}{\partial T}\right]_V = -\frac{\Delta U}{T^2} \tag{3-46}$$

公式（3-46）也是吉布斯-亥姆霍兹方程式。

### 3.6.3　麦克斯韦（Maxwell）关系式

假设 $z$ 是系统的一种性质，它的变量为 $x$、$y$，状态函数可以表示为：
$$z = f(x, y)$$

做全微分得：
$$\mathrm{d}z = \left(\frac{\partial z}{\partial x}\right)_y \mathrm{d}x + \left(\frac{\partial z}{\partial y}\right)_x \mathrm{d}y$$
$$= M\mathrm{d}x + N\mathrm{d}y$$

将 $M$ 对 $y$，$N$ 对 $x$ 求偏导数，得：
$$\left(\frac{\partial M}{\partial y}\right)_x = \frac{\partial^2 z}{\partial y\, \partial x}$$

$$\left(\frac{\partial N}{\partial x}\right)_y = \frac{\partial^2 z}{\partial y\, \partial x}$$

所以：
$$\left(\frac{\partial M}{\partial y}\right)_x = \left(\frac{\partial N}{\partial x}\right)_y$$

应用于热力学基本方程式：
$$\mathrm{d}U = T\mathrm{d}S - p\mathrm{d}V \qquad \mathrm{d}H = T\mathrm{d}S + V\mathrm{d}p$$
$$\mathrm{d}A = -S\mathrm{d}T - p\mathrm{d}V \qquad \mathrm{d}G = -S\mathrm{d}T + V\mathrm{d}p$$

可得：
$$\left(\frac{\partial T}{\partial V}\right)_S = -\left(\frac{\partial p}{\partial S}\right)_V \tag{3-47}$$

$$\left(\frac{\partial T}{\partial p}\right)_S = \left(\frac{\partial V}{\partial S}\right)_p \tag{3-48}$$

$$\left(\frac{\partial S}{\partial V}\right)_T = \left(\frac{\partial p}{\partial T}\right)_V \tag{3-49}$$

$$\left(\frac{\partial S}{\partial p}\right)_T = -\left(\frac{\partial V}{\partial T}\right)_p \tag{3-50}$$

式(3-47)、式(3-48)、式(3-49)、式(3-50) 称为麦克斯韦（Maxwell）关系式，可以使用麦克斯韦（Maxwell）关系式用一些容易求取的变量来代替不容易求取的变量。

**【例 3-9】** 求证：对理想气体而言，$\left(\frac{\partial H}{\partial p}\right)_T = 0$

**证明：** 因为：$dH = TdS + Vdp$

所以：$\left(\frac{\partial H}{\partial p}\right)_T = T\left(\frac{\partial S}{\partial p}\right)_T + V$

由麦克斯韦关系式知：$\left(\frac{\partial S}{\partial p}\right)_T = -\left(\frac{\partial V}{\partial T}\right)_p$

所以：$\left(\frac{\partial H}{\partial p}\right)_T = -T\left(\frac{\partial V}{\partial T}\right)_p + V$

对理想气体而言：$\left(\frac{\partial V}{\partial T}\right)_p = \frac{R}{p}$

所以：$\left(\frac{\partial H}{\partial p}\right)_T = -T \cdot \frac{R}{p} + V = -V + V = 0$

**【例 3-10】** 求热力学能 $U$ 与 $V$ 的关系式。

**解：** 因为：$dU = TdS - pdV$

所以：$\left(\frac{\partial U}{\partial V}\right)_T = T\left(\frac{\partial S}{\partial V}\right)_T - p$

由麦克斯韦关系式知：$\left(\frac{\partial S}{\partial V}\right)_T = \left(\frac{\partial p}{\partial T}\right)_V$

所以：$\left(\frac{\partial U}{\partial V}\right)_T = T\left(\frac{\partial p}{\partial T}\right)_V - p$

### 3.6.4 特性函数

对于 $U$、$H$、$S$、$A$、$G$ 等热力学函数，只要其独立变量选择合适，就可以从一个已知的热力学函数求得所有其他热力学函数，从而可以把一个热力学体系的平衡性质完全确定下来。

这个已知函数就称为特性函数，所选择的独立变量就称为该特性函数的特征变量。

常用的特征变量为：

$G = f(T, p)$、$A = f(T, V)$、$U = f(S, V)$、$H = f(S, p)$、$S = f(H, p)$。

例如，从 $G$ 及其特征变量，可以求 $U$、$H$、$S$、$A$。

因为：$dG = -SdT + Vdp$

所以：$\left(\frac{\partial G}{\partial T}\right)_p = -S$、$\left(\frac{\partial G}{\partial p}\right)_T = V$

所以：$H = G + TS = G - T\left(\frac{\partial G}{\partial T}\right)_p$

$$U = H - pV = G - T\left(\frac{\partial G}{\partial T}\right)_p - pV$$

$$A = G - pV = G - p\left(\frac{\partial G}{\partial p}\right)_T$$

从以上推导可以看出特性函数本质是热力学判据的延伸。

# 习 题

1. 求以下等温可逆压缩过程的熵变化:

(1) 1mol $O_2$ 在 25℃ 从 100kPa 到 1000kPa;

(2) 1mol 甲烷在 125℃ 从 10kPa 到 100kPa。

在两种情形下都假定是理想气体。

2. 求在 0℃ 和 100kPa 下溶解 1mol 冰时熵变化,已知冰的熔化热 $\Delta_{fus} H^{\ominus}_m = 5999.68$J/mol。

3. 在 100kPa 下,2mol、−40℃ 氨恒压升温到 200℃,计算该过程的 $\Delta S$。

已知 $NH_3$ 的标准沸点是 239.9K。

$C_p(NH_3) = 33.66 + 29.31 \times 10^{-4} T + 21.35 \times 10^{-6} T^2$

4. 12g 氧从 20℃ 冷却到 −40℃,同时压力从 100kPa 变化到 600kPa,求 $\Delta S$。已知 $C_p(O_2) = 29.2$J/(mol·K)。

5. 268K、1mol 过冷苯 (l) 凝固为同温度的固态苯 (s),求 $\Delta S$。并通过计算说明过程能否自发进行。已知苯的正常凝固点为 278K,$\Delta_{fus} H_m(278K) = 9923$J/mol,$C_{p,m}[C_6H_6(l)] = 126.9$J/(mol·K),$C_{p,m}[C_6H_6(s)] = 122.7$J/(mol·K)。

6. 1mol、100kPa 的 $N_2(g)$ 由 298.15K 经恒温不可逆膨胀,做功 $W = -3500$J,过程的 $\Delta S = 20$J/K。求 $\Delta A$、$\Delta G$。

7. 10g、273K 的冰倒在一个容有 200g、353K 的水的保温杯中,计算这一过程的 $\Delta S$。已知冰的熔化热为 6025J/mol;水与冰的比热容分别为 75.3J/(mol·K)、37.7J/(mol·K)。

8. 1mol 理想气体 $[C_{V,m} = 12.5$J/(mol·K)] 经不可逆绝热变到 273K、100kPa。过程的 $\Delta S = 20.9$J/K,体积功为 −255J,已知该气体 $S^{\ominus}(273K) = 188.3$J/K。计算过程的 $\Delta U$、$\Delta H$、$\Delta G$。

9. 把 273K、100kPa、10dm³ 的氢气绝热可逆压缩到 1dm³,求终态的 $T_2$、$p_2$ 以及 $\Delta U$、$\Delta H$、$\Delta S$、$\Delta A$、$\Delta G$。已知 $S^{\ominus}_m[H_2(g), 298.15K] = 130.6$J/(mol·K),$C_{p,m}[H_2(g)] = 28.87$J/(mol·K)。

10. 指出下列过程中 $\Delta U$、$\Delta H$、$\Delta S$、$Q$、$\Delta G$ 中哪个或哪几个等于零。

(1) 100℃、100kPa 下,液态水蒸发为水蒸气。

(2) 一定温度和压力下,HCl 溶液同 NaOH 溶液的中和反应。

(3) 理想气体等温可逆膨胀。

(4) 理想气体绝热可逆膨胀。

(5) 绝热钢瓶中氢气同氧气反应生成水蒸气。

(6) 非理想气体经历一个循环过程。

(7) 一定 $T$、$p$ 下的晶型转变。

(8) −5℃ 下的水转变成 −5℃ 的冰。

(9) 一定温度和压力下混合同体积的 $N_2$ 和 Ar。

# 第4章
# 多组分热力学体系

**重点内容提要：**

1. 掌握偏摩尔量和化学势的意义及偏摩尔量集合公式。
2. 掌握气体混合物中组分的化学势。
3. 掌握理想溶液的通性和任意组分的化学势。
4. 掌握稀溶液的性质及依数性。
5. 掌握稀溶液中溶剂和溶质的化学势。
6. 掌握实际溶液的化学势。

前面系统讲解了热力学第一定律、热力学第二定律和 5 个重要的热力学状态函数 $U$、$H$、$S$、$A$、$G$，推导出了四个热力学基本方程。但这些方程只适用于单组分均相封闭系统。而现实中常见的系统绝大多数是多组分、相组成变化的系统。对于这类系统，除了考虑 $T$、$p$ 等外参量外，还需要考虑体系组成的内参量。因此有必要学习多组分系统的热力学问题。

对于多组分系统，有两个概念很重要，即偏摩尔量和化学势。前者指出，在均匀的多组分系统中，系统的某种容量性质的加和性不同于纯物质或组成不变的系统的加和性，许多广度性质不能用摩尔量，而只能用偏摩尔量。后者的概念在讨论相平衡和化学平衡时非常重要。

## 4.1 基本概念

广义地说，两种或两种以上物质均匀混合，彼此呈分子状态分布者均称为溶液。它显然是一个多组分的均相系统。溶液又分为气态溶液、固态溶液和液态溶液。液态溶体常称为溶液，而固态溶体常称为固溶体。

通常所讲的溶液是指液态溶液，在溶液中，常把液体组分当作溶剂，把溶解在液体中的气体或固体叫作溶质。当液体溶于液体时，通常把含量较高的一种叫作溶剂，较少的一种叫作溶质。但当两个组分的含量差不多时，溶剂和溶质就没有明显的区别。对溶液中的溶剂和溶质，将分别按不同的方法来研究。

按分子间作用力不同，混合物可分为理想混合物和实际混合物；溶液可分为理想溶液、理想稀溶液和实际溶液。

理想溶液：不分溶质和溶剂，任意组分在全部浓度范围内都遵循拉乌尔定律的溶液。

稀溶液：在一定浓度范围内，溶剂遵循拉乌尔定律，溶质遵循亨利定律的溶液。

溶液的性质与其组成有密切的关系，溶液的组成改变，溶液的某些性质也随之而改变。所以，有必要学习溶液组成的表示法。溶液组成的表示法很多，在这里只介绍几个常用的表示。

1. 物质 B 的摩尔浓度

物质 B 的物质的量（$n_B$）除以溶液的体积（$V_B$），称为物质 B 的摩尔浓度，用 $c_B$ 表示：

$$c_B = \frac{n_B}{V}$$

$c_B$ 的单位是 mol/L。

2. 物质 B 的质量摩尔浓度

物质 B 的物质的量（$n_B$）除以溶剂的质量（$W_A$），称为物质 B 的质量摩尔浓度，用 $m_B$ 表示：

$$m_B = \frac{n_B}{W_A}$$

$m_B$ 的单位是 mol/kg。

3. 物质 B 的摩尔分数

物质 B 的物质的量（$n_B$）除以溶液中的各组分物质的量的和（$\sum n_B$），称为物质 B 的摩尔分数，用 $x_B$ 表示：

$$x_B = \frac{n_B}{\sum n_B}$$

4. 物质 B 的质量百分数

物质 B 的物质的质量（$W_B$）除以溶液的总质量 $W$，再乘以 $100\%$，称为物质 B 的质量百分数，用 $W_B\%$ 表示：

$$W_B = \frac{W_B}{W} \times 100\%$$

本章只讨论非电解质溶液。

# 4.2  偏摩尔量和化学势

## 4.2.1  偏摩尔量的定义

设有一个均相系统是由组分 1、2、3…所组成，系统的任意一种广度性质 $Z$ 除了与 $T$、$p$ 有关外，还与系统中各组分的物质的量 $n_1$、$n_2$、$n_3$…有关，可用如下函数形式表示：

$$Z = f(T, p, n_1, n_2, n_3 \cdots)$$

全微分形式为：$\mathrm{d}Z = \left(\frac{\partial Z}{\partial T}\right)_{p,n} \mathrm{d}T + \left(\frac{\partial Z}{\partial p}\right)_{T,n} \mathrm{d}p + \left(\frac{\partial Z}{\partial n_1}\right)_{T,p,n_j(j \neq 1)} \mathrm{d}n_1$

$$+ \left(\frac{\partial Z}{\partial n_2}\right)_{T,p,n_j(j \neq 2)} \mathrm{d}n_2 + \cdots + \left(\frac{\partial Z}{\partial n_B}\right)_{T,p,n_j(j \neq B)} \mathrm{d}n_B \tag{4-1}$$

在等温等压条件下，定义：

$$Z_{B,m} = \left(\frac{\partial Z}{\partial n_B}\right)_{T,p,n_j(j \neq B)} \tag{4-2}$$

$Z_{B,m}$ 称为多组分系统中 B 物质的偏摩尔量（partial molar quantity）。

偏摩尔量的物理意义：在等温等压条件下，在指定浓度的有限量溶液中，加入微量 B 物质所引起的系统广度性质 $Z$ 的改变。

把式(4-2) 代入式(4-1) 得：

$$dZ = Z_{1,m}dn_1 + Z_{2,m}dn_2 + \cdots = \sum_B Z_{B,m}dn_B \tag{4-3}$$

常见的偏摩尔量有：

$$U_{B,m} = \left(\frac{\partial U}{\partial n_B}\right)_{T,p,n_j(j \neq B)} \qquad H_{B,m} = \left(\frac{\partial H}{\partial n_B}\right)_{T,p,n_j(j \neq B)}$$

$$S_{B,m} = \left(\frac{\partial S}{\partial n_B}\right)_{T,p,n_j(j \neq B)} \qquad A_{B,m} = \left(\frac{\partial A}{\partial n_B}\right)_{T,p,n_j(j \neq B)}$$

$$G_{B,m} = \left(\frac{\partial G}{\partial n_B}\right)_{T,p,n_j(j \neq B)} \qquad V_{B,m} = \left(\frac{\partial V}{\partial n_B}\right)_{T,p,n_j(j \neq B)}$$

偏摩尔量与摩尔量的区别与联系：对于单组分系统，两者相等；对于多组分系统，偏摩尔量表示在最常用条件下，即等温等压条件下，组分对系统容量性质的贡献，当然此时该组分是充分考虑其他组分对该组分影响了的。

## 4.2.2　偏摩尔量的集合公式

在等温等压条件下，按体系中原溶液各物质的比例，同时加入物质 1、2、3…，由于是按原比例加入的，在加入过程中，各物质的浓度不会发生变化，因此各组的偏摩尔量 $Z_{B,m}$ 的数值也不改变，可作为常数。将式(4-1) 积分得：

$$Z = \int_0^{n_1} Z_{1,m}dn_1 + \int_0^{n_2} Z_{2,m}dn_2 + \cdots + \int_0^{n_k} Z_{k,m}dn_k$$

$$= \sum_{B=1}^k n_B Z_{B,m} \tag{4-4}$$

式(4-4) 叫偏摩尔量的集合公式，它表明在指定温度、压力、浓度时，体系的广度性质又是各组分的量与这个温度、压力、浓度时的偏摩尔量乘积之总和。

若系统有两个组分，如以体积为例，则有

$$V = n_1 V_{1,m} + n_2 V_{2,m}$$

式中，$V_{1,m}$、$V_{2,m}$ 为组分 1 和组分 2 的偏摩尔体积。

**【例 4-1】** 298.15K 时，往大量摩尔分数为 $x_{CH_3OH} = 0.40$ 的甲醇溶液中加入 1mol 的纯水，溶液体积增加 17.35cm³；若往大量此溶液中加入 1mol 甲醇，溶液体积增加 39.01cm³。试计算将 0.4mol 甲醇和 0.6mol 的水混合成溶液时体积为多少。

**解：** 根据题意，298.15K 时，摩尔分数为 $x_{CH_3OH} = 0.40$ 的甲醇溶液中，水和甲醇的偏摩尔量体积分别为 $V_{H_2O} = 17.35$cm³/mol，$V_{CH_3OH} = 39.01$cm³/mol，根据偏摩尔量的集合公式(4-4) 得：

$$V = \sum_{B=1}^k n_B V_{B,m} = n_{CH_3OH} V_{CH_3OH} + n_{H_2O} V_{H_2O}$$

$$= (39.01 \times 0.4 + 17.35 \times 0.6) \text{cm}^3$$

$$= 26.01 \text{cm}^3$$

## 4.2.3　化学势

(1) 化学势的定义　单组分均相封闭体系，不做非体积功的热力学基本方程式如下：

$$dU = TdS - pdV \qquad dH = TdS + Vdp$$
$$dA = -SdT - pdV \qquad dG = -SdT + Vdp$$

但对于多组分均相敞开体系，上面的公式应该修正为如下形式：

$$dU = TdS - pdV + \sum_{i=1}^{j} \left( \frac{\partial U}{\partial n_i} \right)_{S,V,n_j(j \neq i)} dn_i \tag{4-5}$$

$$dH = TdS + Vdp + \sum_{i=1}^{j} \left( \frac{\partial H}{\partial n_i} \right)_{S,p,n_j(j \neq i)} dn_i \tag{4-6}$$

$$dA = -SdT - pdV + \sum_{i=1}^{j} \left( \frac{\partial A}{\partial n_i} \right)_{T,V,n_j(j \neq i)} dn_i \tag{4-7}$$

$$dG = -SdT + Vdp + \sum_{i=1}^{j} \left( \frac{\partial G}{\partial n_i} \right)_{T,p,n_j(j \neq i)} dn_i \tag{4-8}$$

所以定义化学势的广义定义为：

$$\mu_B = \left( \frac{\partial U}{\partial n_i} \right)_{S,V,n_j(j \neq i)} = \left( \frac{\partial H}{\partial n_i} \right)_{S,p,n_j(j \neq i)} = \left( \frac{\partial A}{\partial n_i} \right)_{T,V,n_j(j \neq i)} = \left( \frac{\partial G}{\partial n_i} \right)_{T,p,n_j(j \neq i)} \tag{4-9}$$

在上面的四个定义式中，用吉布斯自由能做的定义，使用条件最常用，应用广泛，所以我们把这个关于化学势的定义称为狭义定义：

$$\mu_B = \left( \frac{\partial G}{\partial n_i} \right)_{T,p,n_j(j \neq i)} \tag{4-10}$$

此式特别有用，其物理意义是：在等温等压下，当系统无限大，保持系统各组分浓度不变的情况，加入 $1mol$ 的 $i$ 物质所引起系统的吉布斯函数的改变值。

从以上化学势的定义可以看出，化学势是和变化方向和限度有关的物理量，确切地说，化学势是表示多组分均相体系中组分变化方向和限度的判据。同时我们还要看到，用吉布斯自由能定义的化学势和吉布斯自由能的偏摩尔量是一致的，这样从理论上讲，我们只要知道多组分体系中的各组分的化学势就可以使用偏摩尔量的集合公式去求体系的吉布斯自由能变，从而确定体系的方向和限度。

（2）化学势在相平衡中的应用

因为：$dG = -SdT + Vdp + \sum \mu_i dn_i$

所以，在等温等压不做非体积功的条件下：$dG = 0$

则：$\sum \mu_i dn_i = 0$

假定一体系有 $\alpha$ 和 $\beta$ 两相，在等温等压条件下；若有 $dn_i$ 的 $i$ 物质从 $\alpha$ 相转移到 $\beta$ 相，那么 $\alpha$ 相的吉布斯自由能的变化为 $dG^\alpha = -\mu_i^\alpha dn_i$，而 $\beta$ 相的吉布斯自由能的变化为 $dG^\beta = \mu_i^\beta dn_i$。体系的总体的吉布斯自由能的变化值为：

$$dG = dG^\alpha + dG^\beta = (\mu_i^\beta - \mu_i^\alpha) dn_i$$

当体系达平衡时，$dG = 0$

所以：$\qquad\qquad (\mu_i^\beta - \mu_i^\alpha) dn_i = 0$

因为：$\qquad\qquad dn_i \neq 0$

所以：$\qquad\qquad \mu_i^\beta = \mu_i^\alpha \tag{4-11}$

这就是说，多组分体系多相平衡的条件为：各相的温度压力相等，各物质在各相中的化学势相等。自发变化的方向是物质 $i$ 从化学势较大的相向化学势较小的相转移，直到物质 $i$ 在两相中的化学势相等为止。

（3）化学势与温度，压力的关系

因为：$\left(\dfrac{\partial G}{\partial T}\right)_p = -S$，$\left(\dfrac{\partial G}{\partial p}\right)_T = V$

所以：$\left(\dfrac{\partial \mu_i}{\partial T}\right)_{p,n_j(j\neq i)} = \left[\dfrac{\partial}{\partial T}\left(\dfrac{\partial G}{\partial n_i}\right)_{T,p,n_j(j\neq i)}\right]_{p,n_j(j\neq i)} = \left[\dfrac{\partial}{\partial n_i}\left(\dfrac{\partial G}{\partial T}\right)_{p,n_j(j\neq i)}\right]_{T,p,n_j(j\neq i)}$

$$= \left[\dfrac{\partial(-S)}{\partial n_i}\right]_{T,p,n_j(j\neq i)} = -S_i \tag{4-12}$$

所以：$\left(\dfrac{\partial \mu_i}{\partial p}\right)_{T,n_j(j\neq i)} = \left[\dfrac{\partial}{\partial p}\left(\dfrac{\partial G}{\partial n_i}\right)_{T,p,n_j(j\neq i)}\right]_{T,n_j(j\neq i)} = \left[\dfrac{\partial}{\partial n_i}\left(\dfrac{\partial G}{\partial p}\right)_{T,n_j(j\neq i)}\right]_{T,p,n_j(j\neq i)}$

$$= \left[\dfrac{\partial(V)}{\partial n_i}\right]_{T,p,n_j(j\neq i)} = V_i \tag{4-13}$$

## 4.3　气体混合物中组分的化学势

由热力学基本方程式 $\mathrm{d}G = -S\mathrm{d}T + V\mathrm{d}p$ 可知：在等温条件下 $\mathrm{d}G = V\mathrm{d}p$，所以：

$$\mathrm{d}G_m = V_m \mathrm{d}p$$

又因为偏摩尔吉布斯自由能等于化学势，所以：

$$\mathrm{d}\mu = V_m \mathrm{d}p$$

对理想气体而言：$\mathrm{d}\mu = V_m \mathrm{d}p = \dfrac{RT}{p}\mathrm{d}p$

两边积分得：$\mu = \mu^{\ominus} + RT\ln\dfrac{p}{p^{\ominus}}$ \tag{4-14}

式中，$\mu$ 是理想气体的 $T$ 与 $p$ 的函数；$\mu^{\ominus}$ 为温度为 $T$、压力为 $p^{\ominus}$ 的纯理想气体的化学势，它仅为温度的函数，称为标准态（standard state）。

对于理想气体混合物，因为理想气体分子无大小，分子间无作用力，所以理想气体混合物中的理想气体的行为和单独一种理想气体的行为是一样的，所以，理想气体混合物中任意组分 $B$ 的化学势为：

$$\mu_B = \mu_B^{\ominus} + RT\ln\dfrac{p_B}{p^{\ominus}} \tag{4-15}$$

式中，$p_B$ 表示 $B$ 种气体的分压。

实际气体，特别是压力较高时的实际气体，既不能忽略气体分子的体积，也不能忽略分子间的相互作用，式(4-15)不能用于表示实际气体的化学势。为了使实际气体的化学势的表达式也取理想气体的简单的形式，路易斯（G. N. Lewis）提出了速度因子和逸度的概念：

$$f = p\gamma$$

式中，$f$ 称为逸度（fugacity），表示有效压力；$\gamma$ 称为逸度因子（fugacity coefficient），表示对理想气体的偏离程度，$\gamma$ 越大，表示偏离越大。

实际气体的化学势表示为：

$$\mu = \mu + RT\ln\dfrac{f}{p^{\ominus}} \tag{4-16}$$

## 4.4　理想稀溶液

我们把溶液分成三种类型，理想稀溶液、理想溶液、实际溶液。在这个小节中将系统地介绍稀溶液的性质和溶剂、溶质的化学势。

### 4.4.1 稀溶液中的两个经验定律

1887 年，拉乌尔（Raoult）总结了一个规律，称为"拉乌尔定律"，表述为：在等温等压下的稀溶液中，溶剂的蒸气压等于纯溶剂的蒸气压乘以溶液中溶剂的摩尔分数。

$$p_A = p_A^* x_A \tag{4-17}$$

式中，$p_A$ 为溶液中溶剂 A 的饱和蒸气压；$p_A^*$ 为纯溶剂的饱和蒸气压。

拉乌尔定律也称为蒸气压降低定律，它的本质是在纯溶剂中加入溶质后，单位体积溶液中溶剂分子数目减少，因而单位时间内可能离开液相表面进入气相的溶剂分子数目也减少。这样溶剂与它的蒸气就在较低的溶剂蒸气压下达到平衡。

【例 4-2】 298.15K 时水的饱和蒸气压为 3166Pa，甘油相对分子质量为 92，求在 298.15K 时将 4.3g 甘油溶解在 250g 水中形成的溶液的蒸气压。

**解：** $n(水) = \dfrac{250}{18} mol = 13.9 mol$

$$n(甘油) = \frac{4.3}{92} mol = 0.047 mol$$

$$x(H_2O) = \frac{13.9}{13.9 + 0.047} = 0.997$$

$$p_A = p_A^* x_A = (3166 \times 0.997) Pa = 3156 Pa$$

1803 年，亨利（Henry）总结出 Henry 定律：在一定温度下，气体在液体中的饱和溶解度与该气体的平衡分压成正比，即

$$p_B = k_{x,B} x_B \tag{4-18}$$

$$p_B = k_{c,B} c_B \tag{4-19}$$

$$p_B = k_{m,B} m_B \tag{4-20}$$

式中，$k_{x,B}$、$k_{c,B}$、$k_{m,B}$ 称为亨利常数。它们与温度、压力及溶剂和溶质的性质有关。

【例 4-3】 298.15K 时，HCl(g) 溶于苯中形成稀溶液，液面蒸气压为 100kPa，求 HCl(g) 在液相和气相中的摩尔分数。298.15K 时苯的饱和蒸气压为 10kPa，HCl(g) 溶于苯时的亨利常数 $k_{x,HCl} = 2380$kPa。

**解：** 苯为溶剂，遵循拉乌尔定律：

$$p_{C_6H_6} = p_{C_6H_6}^* x_{C_6H_6}$$

HCl(g) 为溶质，遵循亨利定律：

$$p_{HCl} = k_{x,HCl} x_{HCl}$$

液面总的蒸气压：

$$
\begin{aligned}
p &= p_{C_6H_6} + p_{HCl} \\
&= p_{C_6H_6}^* x_{C_6H_6} + k_{x,HCl} x_{HCl} \\
&= 10 \times (1 - x_{HCl}) + 2380 x_{HCl} \\
&= 100
\end{aligned}
$$

所以得：$x_{HCl} = 0.03797$

所以 HCl(g) 在气相中的摩尔分数为：

$$y_{HCl} = \frac{k_{x,HCl} x_B}{p} = \frac{2380 \times 0.03797}{100} = 0.904$$

依据拉乌尔定律和亨利定律，我们也对稀溶液做了如下定义：把溶剂遵循拉乌尔定律，溶质遵循亨利定律的溶液称为稀溶液。

### 4.4.2 稀溶液的依数性

稀溶液中有些性质只与溶液中溶质的数量多少有关，而与溶质的种类和本性无关，这些性质称为稀溶液的依数性。

含有非挥发性溶质的稀溶液的依数性包括蒸气压下降、沸点升高、凝固点降低和渗透压。

（1）蒸气压降低　对于含不挥发性溶质的二组分体系，由拉乌尔定律可知：

$$p_A = p_A^* x_A = p_A^* \times (1 - x_B)$$
$$\Delta p_A = p_A^* - p_A = p_A^* x_B \tag{4-21}$$

式中，$\Delta p_A$ 表示蒸气压降低的数值。

（2）沸点升高　图 4-1 中的曲线 I 表示纯溶剂的饱和蒸气压曲线；曲线 II 表示稀溶液的饱和蒸气压曲线。由前面的蒸气压降低的性质可知，纯溶剂的饱和蒸气压曲线在稀溶液的饱和蒸气压曲线的上方，即曲线 I 在曲线 II 上方。

溶剂沸腾时，其蒸气压达到外压，而此时稀溶液的蒸气压尚未达到外压，不能沸腾，需要加热到更高的温度才能沸腾。所以稀溶液的沸点高于纯溶剂的沸点。

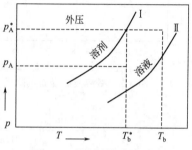

图 4-1　稀溶液的沸点升高

在溶液的沸点时，气态纯溶剂与其溶液平衡，即

$$A(T, p, \text{sln}) \longleftrightarrow A(T, p, g)$$

所以：
$$\mu_A^{\ominus}(g) = \mu_A(\text{sln})$$

所以：
$$\mu_A^{\ominus}(g) = \mu_A^{\ominus}(\text{sln}) + RT \ln a_A$$

所以：
$$\ln a_A = \frac{\mu_A^{\ominus}(g) - \mu_A^{\ominus}(\text{sln})}{RT} = \frac{\Delta G_m}{RT}$$

在恒温时，上式对 $T$ 求微分得：

$$\left(\frac{\partial \ln a_A}{\partial T}\right)_p = \frac{1}{R}\left[\frac{\partial}{\partial T}\left(\frac{\Delta G_m}{T}\right)\right]_p = -\frac{\Delta H_m}{RT^2} \approx -\frac{\Delta_{\text{vap}} H_m^{\ominus}}{RT^2}$$

在一定温度区间内，$\Delta_{\text{vap}} H_m^{\ominus}$ 可以看成常数。

所以，对上式积分为：$\ln a_A = \dfrac{\Delta_{\text{vap}} H_m^{\ominus}}{R}\left(\dfrac{1}{T_b} - \dfrac{1}{T_b^*}\right)$

在稀溶液中，$a_A \approx x_A$，所以：

$$\ln a_A \approx \ln x_A = \ln(1 - x_B) \approx -x_B = \frac{\Delta_{\text{vap}} H_m^{\ominus}}{R}\left(\frac{T_b - T_b^*}{T_b^* T_b}\right)$$

在稀溶液中，$x_B \approx m_B$，$T_b^* \approx T_b$，所以：

$$\Delta T_b = T_b - T_b^* \approx \frac{R(T_b^*)^2 M_A}{\Delta_{\text{vap}} H_m^{\ominus}} \times m_B = K_b m_B \tag{4-22}$$

式中，$K_b = \dfrac{R(T_b^*)^2 M_A}{\Delta_{\text{vap}} H_m^{\ominus}}$，称为沸点升高常数；$T_b^*$ 为纯溶剂的沸点；$\Delta_{\text{vap}} H_m^{\ominus}$ 为溶剂在沸点时的摩尔蒸发焓；$M_A$ 为溶剂的摩尔质量。

常见溶剂的沸点升高常数见表 4-1。

表 4-1　常见溶剂的 $K_b$ 数值

| 溶剂 | 水 | 苯酚 | 醋酸 | 萘 | 苯 | 氯仿 |
|---|---|---|---|---|---|---|
| $K_b/(\text{kg} \cdot \text{K/mol})$ | 0.51 | 3.04 | 3.07 | 5.8 | 2.53 | 3.85 |

（3）凝固点降低　图 4-2 中，曲线 $OA$ 代表纯水的饱和蒸气压曲线，$OC$ 代表冰的饱和蒸气压曲线，两条线的交点温度是纯水的凝固点，用符号 $T_f^*$ 表示。曲线 $BC$ 代表稀溶液的饱和蒸气压曲线，$BC$ 与 $OC$ 的交点温度是稀溶液的凝固点，用符号 $T_f$ 表示。所以稀溶液的凝固点低于纯溶剂的凝固点。

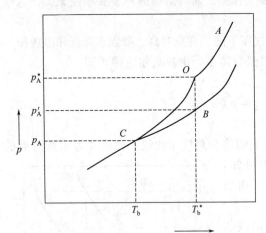

图 4-2　稀溶液的凝固点降低

在溶液的凝固点时，固态纯溶剂与其饱和溶液平衡，即

$$A(T,p,\text{sln}) \longleftrightarrow A(T,p,s)$$

所以：　$\mu_A^{\ominus}(s) = \mu_A(\text{sln})$

所以：　$\mu_A^{\ominus}(s) = \mu_A^{\ominus}(\text{sln}) + RT\ln a_A$

所以：　$\ln a_A = \dfrac{\mu_A^{\ominus}(s) - \mu_A^{\ominus}(\text{sln})}{RT} = \dfrac{\Delta G_m}{RT}$

在恒温时，上式对 $T$ 求微分得：

$$\left(\frac{\partial \ln a_A}{\partial T}\right)_p = \frac{1}{R}\left[\frac{\partial}{\partial T}\left(\frac{\Delta G_m}{T}\right)\right]_p = -\frac{\Delta H_m}{RT^2} \approx -\frac{\Delta_{fus}H_m^{\ominus}}{RT^2}$$

在一定温度区间内，$\Delta_{fus}H_m^{\ominus}$ 可以看成常数。

所以，对上式积分为：$\ln a_A = \dfrac{\Delta_{fus}H_m^{\ominus}}{R}\left(\dfrac{1}{T_f^*} - \dfrac{1}{T_f}\right)$

在稀溶液中，$a_A \approx x_A$，所以：

$$\ln a_A \approx \ln x_A = \ln(1-x_B) \approx -x_B = \frac{\Delta_{fus}H_m^{\ominus}}{R}\left(\frac{T_f - T_f^*}{T_f^* T_f}\right)$$

在稀溶液中，$x_B \approx m_B$，$T_f^* \approx T_f$，所以：

$$\Delta T_f = T_f^* - T_f \approx \frac{R(T_f^*)^2 M_A}{\Delta_{fus}H_m^{\ominus}} \times m_B = K_f m_B \tag{4-23}$$

式中，$K_f = \dfrac{R(T_f^*)^2 M_A}{\Delta_{fus}H_m^{\ominus}}$，称为凝固点降低常数；$T_f^*$ 为纯溶剂的凝固点；$\Delta_{fus}H_m^{\ominus}$ 为溶剂在凝固时的摩尔溶化焓；$M_A$ 为溶剂的摩尔质量。

常见溶剂的凝固点降低常数见表 4-2。

表 4-2　常见溶剂的 $K_f$ 数值

| 溶剂 | 水 | 硝基苯 | 醋酸 | 三溴乙烷 | 苯 | 环己烷 |
|---|---|---|---|---|---|---|
| $K_f/(\text{kg} \cdot \text{K/mol})$ | 1.86 | 6.90 | 3.90 | 14.3 | 5.12 | 20.2 |

（4）渗透压　由于质点的热运动，将一种溶液和组成这种溶液的溶剂放置在一起时，溶液总会自动地稀释，直到整个体系的浓度均匀一致为止。如果溶液直接和溶剂接触，这种运动就表现为扩散；如果将溶剂和溶液用半透膜隔开，这个膜只能透过溶剂分子而不能透过溶质分子，则稀释过程只能由溶剂分子透过半透膜进入溶液来完成，这种稀释过程称为渗透。

渗透发生后图 4-3 中半透膜右边溶液升高，为了保持两边液面齐平，在溶液的液面上施加一个额外的压力，如果纯溶剂的压力为 $p_A^*$，溶液的压力为 $p$，则额外施加的压力 $\Pi$ 为：

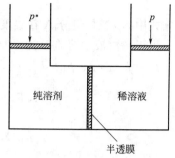

$$\Pi = p_A^* - p$$

$\Pi$ 称为渗透压，可按如下公式计算：

$$\Pi = c_B RT \qquad (4\text{-}24)$$

式中，$c_B$ 为溶液中溶质的摩尔浓度。

图 4-3　渗透压示意图

**【例 4-4】** 293K 时，将 68.4g 蔗糖（$C_{12}H_{22}O_{11}$）溶于 1000g 水中形成稀溶液，已知该溶液的密度为 $1.024\text{g/cm}^3$，水的凝固点降低常数为 $1.86\text{K·mol/kg}$，水的沸点升高常数为 $0.52\text{K·mol/kg}$，求该溶液的凝固点、沸点、渗透压。

**解：** 蔗糖的摩尔质量 $M = 342\text{g/mol}$

所以其摩尔数为：$n = \dfrac{68.4}{342}\text{mol} = 0.2\text{mol}$

所以其质量摩尔浓度为：$m_B = \dfrac{n}{W_A} = \dfrac{0.2}{1}\text{mol/kg} = 0.2\text{mol/kg}$

因为：$\Delta T_f = K_f m_B = (1.86 \times 0.2)\text{℃} = 0.372\text{℃}$

已知水的正常凝固点为 $0\text{℃}$

所以该溶液的凝固点为 $-0.372\text{℃}$。

因为：$\Delta T_b = K_b m_B = (0.52 \times 0.2)\text{℃} = 0.104\text{℃}$

已知水的正常沸点为 $100\text{℃}$

所以该溶液的沸点为 $100.104\text{℃}$。

此时溶液的体积为：$V = \dfrac{m}{\rho} = \dfrac{1000 + 68.4}{1.024}\text{cm}^3 = 1043\text{cm}^3 = 1.043 \times 10^{-3}\text{m}^3$

溶液的渗透压为：$\Pi = c_B RT = \dfrac{n_B RT}{V} = \dfrac{0.2 \times 8.314 \times 293}{1.043 \times 10^{-3}}\text{Pa} = 4.67 \times 10^5\text{Pa}$

## 4.4.3　稀溶液中组分的化学势

溶液在温度为 $T$、压力为 $p$ 时与其蒸气达到平衡，那么任一组分在气液两相的化学势相等，即

$$\mu(l, T, p) = \mu(g, T, p)$$

将气相看成理想气体混合物，所以：

$$\mu(l, T, p) = \mu(g, T, p) = \mu^{\ominus} + RT\ln\frac{p}{p^{\ominus}} \qquad (4\text{-}25)$$

由于稀溶液中溶剂 A 遵循拉乌尔定律：$p_A = p_A^* x_A$

所以稀溶液中溶剂 A 的化学势为：

$$\mu_A(l, T, p) = \mu_A^{\ominus} + RT\ln\frac{p_A}{p^{\ominus}} = \mu_A^{\ominus} + RT\ln\frac{p_A^* x_A}{p^{\ominus}}$$

$$\mu_A(l, T, p) = \mu_A^{\ominus} + RT\ln\frac{p_A^*}{p^{\ominus}} + RT\ln x_A$$

$$\mu_A(l,T,p)=\mu_A^*+RT\ln x_A \qquad (4\text{-}26)$$

式中，$\mu_A^*$ 是组分 A 在温度为 $T$、压力为 $p$ 时的化学势，表示组分 A 的化学势的纯态。
由于稀溶液中溶质 B 遵循亨利定律，亨利定律有三种形式，分别为：
$p_B=k_{x,B}x_B$、$p_B=k_{c,B}c_B$、$p_B=k_{m,B}m_B$，代入公式（4-25）得：

$$\mu_B(l,T,p)=\mu_B^\ominus+RT\ln\frac{p_B}{p^\ominus}=\mu_A^\ominus+RT\ln\frac{k_{x,B}x_B}{p^\ominus}$$

$$\mu_B(l,T,p)=\mu_B^\ominus+RT\ln\frac{k_{x,B}}{p^\ominus}+RT\ln x_B$$

$$\mu_B(l,T,p)=\mu_B^*+RT\ln x_B \qquad (4\text{-}27)$$

同理可得：$\mu_B(l,T,p)=\mu_B^\ominus+RT\ln\dfrac{p_B}{p^\ominus}=\mu_A^\ominus+RT\ln\dfrac{k_{c,B}c_B}{p^\ominus}$

$$\mu_B(l,T,p)=\mu_B^\ominus+RT\ln\frac{k_{c,B}}{p^\ominus}+RT\ln\frac{c_B}{c^\ominus}$$

$$\mu_B(l,T,p)=\mu_B^{**}+RT\ln\frac{c_B}{c^\ominus} \qquad (4\text{-}28)$$

同理可得：

$$\mu_B(l,T,p)=\mu_B^\ominus+RT\ln\frac{p_B}{p^\ominus}=\mu_A^\ominus+RT\ln\frac{k_{m,B}m_B}{p^\ominus}$$

$$\mu_B(l,T,p)=\mu_B^\ominus+RT\ln\frac{k_{m,B}}{p^\ominus}+RT\ln\frac{m_B}{m^\ominus}$$

$$\mu_B(l,T,p)=\mu_B^{***}+RT\ln\frac{m_B}{m^\ominus} \qquad (4\text{-}29)$$

上面公式中的 $\mu_B^*$、$\mu_B^{**}$、$\mu_B^{***}$ 是 $T$、$p$ 的函数，在一定温度和压力下有定值，只是它不是纯 B 的化学势。下面以 $\mu_B^*$ 为例进行说明，$\mu_B^*$ 可以看作 $x_B=1$ 且服从亨利定律的那个状态的化学势，在图 4-4 中，将 $p_B=k_x x_B$ 的直线延长得到 $k_{x,B}$ 点。这个内引得到的状态（$k_x$）实际上并不存在，是一种假想的状态。因为在图中纯 B 的实际状态由 $p_B^*$ 点表示。引入这个假想态是为了使稀溶液中溶质的化学势的表示式具有简单形式。

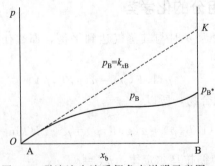

图 4-4　稀溶液中溶质假象态说明示意图

# 4.5　理想溶液

我们把任意组分在全部浓度范围内都遵循拉乌尔定律的溶液称为理想溶液。从微观上说，理想溶液都是由化学结构和分子间作用力都完全相同的物质所组成的。所以，理想溶液中任一组分所处的受力状态与它在纯态下的受力状态完全相同。例如，由 A 和 B 两种物质形成的理想溶液，其中，A-A、A-B、B-B 之间的相互作用情况完全相同，这正是理想溶液模型的微观特征。由于混合前后分子间作用力没有变化，因而不会产生热效应和体积变化，$\Delta_{mix}H=0$，$\Delta_{mix}V=0$。

真正的理想溶液是没有的，但是，旋光异构体、同位素化合物的混合物（如水和重水）、结构异构体的混合物（如邻二甲苯和对二甲苯）等可以看作是理想溶液。固体溶液中 Fe-Mn、Ag-Au 固熔体、FeO-MnO 熔渣等，也可以当作理想溶液。

### 4.5.1 理想溶液中任意组分 B 的化学势

理想溶液在温度为 $T$、压力为 $p$ 时与其蒸气达到平衡，那么任一组分在气液两相的化学势相等，即

$$\mu(l,T,p)=\mu(g,T,p)$$

将气相看成理想气体混合物，所以：

$$\mu(l,T,p)=\mu(g,T,p)=\mu^{\ominus}+RT\ln\frac{p}{p^{\ominus}} \tag{4-30}$$

由于理想溶液中任意组分 B 遵循拉乌尔定律：$p_B=p_B^* x_B$

所以稀溶液中溶剂 B 的化学势为：

$$\mu_B(l,T,p)=\mu_B^{\ominus}+RT\ln\frac{p_B}{p^{\ominus}}=\mu_B^{\ominus}+RT\ln\frac{p_B^* x_B}{p^{\ominus}}$$

$$\mu_B(l,T,p)=\mu_B^{\ominus}+RT\ln\frac{p_B^*}{p^{\ominus}}+RT\ln x_B$$

$$\mu_B(l,T,p)=\mu_B^*+RT\ln x_B \tag{4-31}$$

式中，$\mu_B^*$ 是组分 B 在温度为 $T$、压力为 $p$ 时的化学势，表示组分 B 的纯态。

### 4.5.2 理想溶液的通性

（1）混合体积前后体积不变，即 $\Delta_{mix}V=0$

因为：

$$\Delta_{mix}V=V_2-V_1=\sum_B n_B V_B-\sum_B n_B V_{B,m}^*$$

$$\mu_B=\mu_B^*+RT\ln x_B$$

所以：

$$V_B=\left(\frac{\partial\mu_B}{\partial p}\right)_T=\left(\frac{\partial\mu^*}{\partial p}\right)_T=V_{B,m}^*$$

所以理想溶液的摩尔体积等于偏摩尔体积，所以混合前后体积不变。

（2）混合前后热效应不变，即 $\Delta_{mix}H=0$

$$\Delta_{mix}H=H_2-H_1=\sum_B n_B H_B-\sum_B n_B H_{B,m}^*$$

因为：

$$\mu_B=\mu_B^*+RT\ln x_B$$

所以：

$$\frac{\mu_B}{T}=\frac{\mu_B^*}{T}+R\ln x_B$$

所以：

$$\left[\frac{\partial\left(\frac{\mu_B}{T}\right)}{\partial T}\right]_p=\left[\frac{\partial}{\partial T}\left(\frac{\mu_B^*}{T}+R\ln x_B\right)\right]_p=\left[\frac{\partial\left(\frac{\mu_B^*}{T}\right)}{\partial T}\right]_p$$

因为：
$$\left[\frac{\partial\left(\frac{G}{T}\right)}{\partial T}\right]_p = -\frac{H}{T^2}$$

所以：
$$\left[\frac{\partial\left(\frac{\mu_B}{T}\right)}{\partial T}\right]_p = -\frac{H_B}{T^2}$$

所以：$H_B = H_{B,m}^*$

所以理想溶液的摩尔焓等于偏摩尔焓，所以混合前后焓不变。

（3）具有理想的混合熵，即 $\Delta_{mix}S > 0$

因为：
$$\mu_B = \mu_B^* + RT\ln x_B$$

所以：
$$\left(\frac{\partial\mu_B}{\partial T}\right)_p = \left[\frac{\partial}{\partial T}(\mu_B^* + RT\ln x_B)\right]_p = \left(\frac{\partial\mu_B^*}{\partial T}\right)_p + R\ln x_B$$

因为：
$$\left(\frac{\partial\mu_B}{\partial T}\right)_p = -S_B, \left(\frac{\partial\mu_B^*}{\partial T}\right)_p = -S_{B,m}^*$$

所以：
$$S_B = S_{B,m}^* - R\ln x_B$$

又因为：
$$\Delta_{mix}S = S_2 - S_1 = \sum_B n_B S_B - \sum_B n_B S_{B,m}^* = -R\sum_B n_B\ln x_B \tag{4-32}$$

（4）具有理想的混合吉布斯自由能，即 $\Delta_{mix}G < 0$

因为：
$$G = H - TS$$

所以：
$$\Delta_{mix}G = \Delta_{mix}H - T\Delta_{mix}S$$

结合：
$$\Delta_{mix}H = 0, \quad \Delta_{mix}S = -R\sum_B n_B\ln x_B$$

所以：
$$\Delta_{mix}G = RT\sum_B n_B\ln x_B \tag{4-33}$$

# 4.6  实际溶液

实际溶液中的溶剂不遵守拉乌尔定律，溶质不遵守亨利定律。Lewis 引入了活度这个概念，对实际溶液的浓度进行校正。

$$a_{B,x} = \gamma_{B,x} x_B \tag{4-34}$$
$$\lim_{x_B \to 0} \gamma_B = 1$$

式中，$a_{B,x}$ 为溶液中 B 组分的用摩尔分数表示的活度。活度还可以用以下方式表示：

$$a_{B,m} = \frac{\gamma_{B,m} m_B}{m^\ominus} \tag{4-35}$$

$$a_{B,c} = \frac{\gamma_{B,c} m_c}{c^\ominus} \tag{4-36}$$

式中，$a_{B,m}$ 为溶液中 B 组分的用质量摩尔浓度表示的活度；$\gamma_{B,m}$ 为溶液中 B 组分的用质量摩尔浓度表示的活度因子；$m^\ominus = 1\text{mol/kg}$；$a_{B,c}$ 为溶液中 B 组分的用摩尔浓度表示的活度；$\gamma_{B,c}$ 为溶液中 B 组分的用摩尔浓度表示的活度因子，$c^\ominus = 1\text{mol/dm}^3$。

有了活度的概念，拉乌尔定律修正为：$p_A = p_A^* a_{A,x}$。

亨利定律修正为：$p_B = k_{B,x} a_{B,x}$。

有了活度概念，实际溶液的溶剂化学势修正为：

$$\mu_A = \mu_A^* + RT \ln a_{A,x} \tag{4-37}$$

实际溶液的溶质化学势修正为：

$$\mu_B(l, T, p) = \mu_{B,x}^* + RT \ln a_{B,x} \tag{4-38}$$

$$\mu_B(l, T, p) = \mu_{B,m}^{**} + RT \ln a_{B,m} \tag{4-39}$$

$$\mu_B(l, T, p) = \mu_{B,c}^{***} + RT \ln a_{B,c} \tag{4-40}$$

## 习　题

1. 每升溶液中含有 192.6g $KNO_3$ 的溶液，密度为 $1.1432kg/dm^3$。试计算：

（1）物质的量浓度；（2）质量摩尔浓度；（3）摩尔分数；（4）质量分数。

2. 20℃、60%（质量分数）甲醇水溶液的密度是 $0.8946g/cm^3$。在此溶液中水的偏摩尔体积为 $16.80cm^3/mol$，求甲醇的偏摩尔体积。

3. 已知纯锌、纯铅和纯镉的蒸气压（Pa）与温度的关系式为：

Zn：$\lg(p/Pa) = -\dfrac{6163K}{T} + 10.233$

Pb：$\lg(p/Pa) = -\dfrac{9840K}{T} + 9.953$

Cd：$\lg(p/Pa) = -\dfrac{5800K}{T} - 1.23\lg(T/K) + 14.232$

设粗锌中含有 0.97% Pb 和 1.3% Cd（摩尔分数）。求在 950℃ 蒸馏粗锌时，最初蒸馏产物中 Pb 和 Cd 的含量（摩尔分数），此溶液服从拉乌尔定律。

4. 20℃、100kPa 下，1kg 水中能溶 1.7g $CO_2$，而 40℃ 时则只能溶 1.0g。某玻璃瓶内部气体压力如超过 200kPa 就不安全。问 20℃ 时瓶中 $CO_2$ 的压力应低于多少才能使其在 40℃ 下使用而无危险。设溶液服从亨利定律，瓶中无其他气体。

5. 在 288.15K、100kPa 下某酒窖中有 $10^4 dm^3$ 的酒，$w(C_2H_5OH) = 96\%$，今欲加水调制为 $w(C_2H_5OH) = 56\%$ 的酒，288.15K、100kPa 水的密度为 $0.9991kg/dm^3$，水和乙醇的偏摩尔体积如下表所示：

| $w(C_2H_5OH)$ | $V_{H_2O,m}/(cm^3/mol)$ | $V_{C_2H_5OH,m}/(cm^3/mol)$ |
| --- | --- | --- |
| 0.96 | 14.61 | 58.01 |
| 0.56 | 17.11 | 56.58 |

计算：（1）应加多少水？

（2）能得到多少 $w(C_2H_5OH) = 56\%$ 的酒。

6. 293.15K 时溶液 A 的组成为 $NH_3 \cdot 8H_2O$，其蒸气压为 $1.07 \times 10^4 Pa$，溶液 B 的组成为 $NH_3 \cdot 21H_2O$，其蒸气压为 $3.60 \times 10^3 Pa$。

（1）从大量的 A 中转移 1mol $NH_3$ 到大量的 B 中，求 $\Delta G$。

（2）在 293.15K 时，若将压力为 $p^\ominus$ 的 1mol $NH_3$（g）溶解在大量的溶液 B 中，求 $\Delta G$。

7. 在 333.15K 时，甲醇的饱和蒸气压是 83391Pa，乙醇的饱和蒸气压 47015Pa，二者可形成理想溶液。若溶液组成为 50%（质量分数），求 333.15K 时此溶液的平衡蒸气组成（以摩尔分数表示）。

8. 已知 303.15K 时甲苯和苯的饱和蒸气压分别为 4892.9Pa 及 15758.7Pa。

设由甲苯和苯混合形成甲苯含量为 30%（以质量计）的溶液，求 303.15K 时该溶液的蒸气压和各物质的分压（设溶液为理想溶液）。

9. 293.15K，当 HCl 的分压为 100kPa 时，它在苯中的平衡组成 $x_{HCl}=0.0425$，若 293.15K 时纯苯的蒸气压为 10kPa，问苯与 HCl 的总压为 100kPa 时，100g 苯中至多可溶解 HCl 多少克。

10. 樟脑的熔点是 445.15K，$K_f=40$K·kg/mol，今有 7.900mg 酚酞和 129mg 樟脑的混合物，测得该溶液的凝固点比樟脑低 8.00K，求酚酞的相对分子质量。

# 第5章
# 相平衡

重点内容提要：

1. 掌握相平衡的基本概念。
2. 掌握相律及其应用。
3. 掌握单组分体系的相图。
4. 掌握二组分体系的相图。
5. 掌握三组分体系的相图。

## 5.1 相 律

热力学平衡包括热平衡、力平衡、相平衡和化学平衡。在前面我们系统地学习了热平衡，在这一章当中将介绍相平衡。相平衡包括两个部分，即相率和相图。相图分为单组分体系、二组分体系和三组分体系，其中二组分体系的相图的学习是重点也是难点。大家要了解相图中的相区、平衡线和特殊点的具体含义。为此，我们需要先明确几个基本概念。

相图：反映相的状态与温度、压力、组成之间关系的图形称为相图。

自由度：确定体系状态所必需的独立强度变量的数目称为自由度，一般用 $f$ 表示。比如单组分单相时，有两个自由度；单组分两相平衡，有一个自由度。

相：我们把体系内部物理性质和化学性质完全均一的部分称为相，一般用 $\varphi$ 表示。对气体而言，不管有多少种气体，都称之为一相；对液体而言，能够互相混溶的称为一相，不能够混溶的，就为多相；对固体而言，一般一种固体物质就是一相，但固溶体是个例外，固溶体一般看成一相。

物系点和相点：表示体系组成的点称为物系点；表示相的组成的点称为相点。二者在单相区是重合的，在多相区是分开的。

相平衡的研究有着重要的实际意义，蒸馏、精馏、重结晶、溶解等实验的基本单元操作，就是利用了相平衡的基本原理。化工生产过程中分离方法的选择、分离装置的设计均需要相平衡的知识。

假设有这样一个体系，有 $S$ 个物种，有 $\varphi$ 个相，每一个相中都有 $S$ 个物种，每一个物种都分布在 $\varphi$ 个相中，确定这样一个体系的自由度应该按如下公式计算：

$$f = 总的变量数 - 有关系的变量数$$

确定一个相的状态需要多少个变量呢？因为每一个相中都有 $S$ 个物种，所以确定一个相的状态需要 $(S-1)$ 个变量，体系当中有 $\varphi$ 个相，所以共需要 $\varphi(S-1)$ 个变量，再考虑外界变量温度和压强，所以体系的总变量为数 $\varphi(S-1)+2$。

组分在各个相中是平衡存在的，必然满足化学势相等的条件，即

$$\mu_1^\alpha = \mu_1^\beta = \cdots = \mu_1^\varphi$$
$$\mu_2^\alpha = \mu_2^\beta = \cdots = \mu_2^\varphi$$
$$\cdots$$
$$\mu_S^\alpha = \mu_S^\beta = \cdots = \mu_S^\varphi$$

上面形式中有 $S(\varphi-1)$ 个等号，所以在体系中有 $S(\varphi-1)$ 个有关系的变量。

所以：
$$f = \varphi(S-1)+2-S(\varphi-1)$$

即
$$f+\varphi = S+2 \tag{5-1}$$

式(5-1) 称为吉布斯相律，在式(5-1) 中，$f$ 表示自由度；$\varphi$ 表示相数；2 表示温度和压强；$S$ 表示物种数。

但是在物种数 $S$ 的确定上还是有一些问题的，比如，"确定 NaCl 水溶液的物种数"，有人说有 2 个物种数，即 NaCl 和水；有人说是 5 个物种数，即 $Na^+$、$Cl^-$、$H_2O$、$H^+$、$OH^-$。到底哪个正确呢？为了解决这个问题，在相律中引入了独立组分数的概念，用 $C$ 表示，定义如下：

$$C = S-R-R' \tag{5-2}$$

式中，$R$ 表示独立的平衡关系式的数量；$R'$ 表示浓度限制或者电中性条件。例如，有三个反应如下：

$$H_2 + \frac{1}{2}O_2 \longrightarrow H_2O$$

$$CO + \frac{1}{2}O_2 \longrightarrow CO_2$$

$$CO + H_2O \longrightarrow CO_2 + H_2$$

这三个反应中，只有两个是独立的，即 $R=2$，任何一个反应都可以由其他两个通过线性组合而得到。

例如，反应 $2NH_3 \longrightarrow N_2 + 3H_2$，如果起始时只有 $NH_3$，则生成的 $n_{N_2} : n_{H_2} = 1 : 3$，$\frac{n_{N_2}}{V} : \frac{n_{H_2}}{V} = 1 : 3$，即 $c_{N_2} : c_{H_2} = 1 : 3$，所以增加了一个浓度限制，即 $R'=1$。

例如，反应 $CaCO_3 \longrightarrow CaO + CO_2$，如果起始只有 $CaCO_3$，则 $n_{CaO} : n_{CO_2} = 1 : 1$，但 CaO 是固相，$CO_2$ 是气相，它们计算浓度的方法是不同的，所以不存在浓度限制，即 $R'=0$。

例如，"NaCl 水溶液"除了有两个解离方程式之外，还应该满足一个电中性条件，$[H^+]+[Na^+]=[Cl^-]+[OH^-]$，即 $R'=1$。

所以相律变为：
$$f+\varphi = C+2 \tag{5-3}$$

在相律使用中，除了考虑温度压强两个变量外，如果还需要增加或减少变量，相律也可以有如下形式：

$$f^* + \varphi = C+n \tag{5-4}$$

$f^*$ 表示条件自由度。

**【例 5-1】** 加热固体 $NH_4Cl$，部分分解为 $NH_3$ 和 $HCl$ 气体，当体系建立平衡时，在以下两种情况下：（1）真空下开始加热；（2）加热时容器中已有任意量的 $NH_3$ 和 $HCl$ 气体，求体系的自由度。

**解：**（1）因为： $\qquad S=3,\ R=1,\ R'=1$

所以： $\qquad C=S-R-R'=1$

因为： $\qquad f+\varphi=C+2,\varphi=2$

所以： $\qquad f=1$

（2）因为： $\qquad S=3,R=1,R'=0$

所以： $\qquad C=S-R-R'=2$

因为： $\qquad f+\varphi=C+2,\varphi=2$

所以： $\qquad f=2$

**【例 5-2】** $C\ (s)$、$CO\ (g)$、$CO_2\ (g)$、$H_2O$、$H_2\ (g)$ 在 $1000℃$ 可以发生如下反应，达到平衡：

$$H_2O+C(s) \longleftrightarrow H_2+CO$$
$$CO_2+H_2 \longleftrightarrow H_2O+CO$$
$$CO_2+C(s) \longleftrightarrow 2CO$$

求物种数 $S$、独立组分数 $C$、自由度 $f$。

**解：** 因为： $\qquad S=5,R=2,R'=0$

所以： $\qquad C=S-R-R'=3$

因为： $\qquad f+\varphi=C+1,\varphi=2$

所以： $\qquad f=2$

## 5.2　单组分系统——水的相图

因为单组分系统 $C=1$，由相律 $f+\varphi=C+2$ 可知，$f+\varphi=3$，所以单组分系统最多 3 相共存，此时自由度为 0；单组分系统最多有 2 个自由度，即温度和压强，此时相数为 1。

下面以水的相图（见图 5-1）为例，介绍单组分系统相图的学习方法和识图规则。

（1）相区　水的相图分为三个相区，液相区、气相区、固相区。

液相区 $AOC$，在该相区内，水的状态为液态，自由度 $f=1$。

固相区 $BOC$，在该相区内，水的状态为固态，自由度 $f=1$。

气相区 $AOB$，在该相区内，水的状态为气态，自由度 $f=1$。

（2）平衡线　平衡线 $OA$：称为水的饱和蒸气压曲线或蒸发曲线，这条线上为液相区，这条线下为气相区，在这条线上水和水蒸气两相共存，$\varphi=2$，$f=1$。

平衡线 $OC$：称为冰的熔解曲线。该线的左边为固相区，该线的右边为液相区，这条线表示冰和水两相共存，$\varphi=2$，$f=1$。

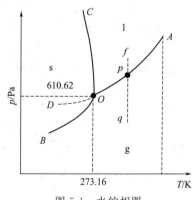

图 5-1　水的相图

平衡线 $OB$：称为冰的饱和蒸气压曲线或升华曲线，该线上方为固相区，该线下方为气相区。这条线表示冰和水蒸气两相共存，$\varphi=2$，$f=1$。

亚稳平衡线 $OD$：$OD$ 线代表过冷水与水蒸气的两相平衡。$OD$ 线在 $OB$ 的上方，说明过冷水的饱和蒸气压比同温度下的饱和蒸气压大，因此，过冷水不如冰稳定，加入微小的晶种，立即就会结冰。

（3）三相点　相图中 $O$ 点称为三相点，温度 273.16K，压强为 610.62Pa，此时三相共存，$\varphi=3$，$f=0$。在水的冰点时，也是固、液、气三相共存，但有一个自由度，即 $f=1$。水的冰点的温度为 273.15K，冰点的温度比三相点温度低 0.01K，主要由两个因素造成：一是外压增加，使凝固点下降 0.00748K；二是水中溶有空气，使凝固点下降 0.00241K。

# 5.3　二组分系统——双液系的相图

因为二组分系统 $C=2$，由相律 $f+\varphi=C+2$ 可知，$f+\varphi=4$，所以二组分系统最多 4 相共存，此时自由度为 0；二组分系统最多有 3 个自由度，即温度、压力、组成，此时相数为 1。所以二组分体系的相图是三维坐标，这给使用带来了极大的不便，在一般情况下，我们总是保持其中的一个变量恒定，去研究另两个变量之间的关系：

保持温度恒定时，得到 $p\text{-}x$ 图；

保持压力恒定时，得到 $T\text{-}x$ 图；

保持组成恒定时，得到 $p\text{-}T$ 图。

本节将介绍理想完全互溶双液系、非理想完全互溶双液系、部分互溶双液系。

## 5.3.1　理想完全互溶双液系

两个液体组分可以以任意比例完全互溶，并且每一个组分都遵循拉乌尔定律，这样的二组分体系称为理想完全互溶双液系。如苯-甲苯双液系、正己烷-正庚烷双液系。

（1）$p\text{-}x$ 图　理想完全互溶双液系中各个组分均遵循拉乌尔定律，即

$$p_A=p_A^* x_A=p_A^*(1-x_B)$$

$$p_B=p_B^* x_B$$

总压 $p$ 可表示为：

$$p=p_A+p_B=p_A^* x_A+p_B^* x_B=p_A^*+(p_B^*-p_A^*)x_B \tag{5-5}$$

温度恒定时，以 $p$ 为纵坐标，以 $x$ 为横坐标，建立 $p\text{-}x$ 图，如图 5-2 所示，其中一条虚线 $p_A=p_A^* x_A$ 表示组分 A 的拉乌尔定律；另一条虚线 $p_B=p_B^* x_B$ 表示组分 B 的拉乌尔定律；实线表示溶液蒸气压随液相组成变化关系的曲线，称为液相线，此时系统的自由度为 1。

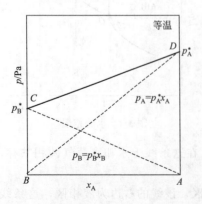

图 5-2　理想完全互溶双液系的 $p\text{-}x$ 图

（2）$p\text{-}x\text{-}y$ 图　A、B 两个组分蒸气压不同，达气-液平衡时，二者在气相中的组成 $y_A$ 和 $y_B$ 必然不同，依据道尔顿分压定律，可得：

$$y_A=\frac{p_A}{p} \qquad y_B=\frac{p_B}{p}$$

结合拉乌尔定律，得：

$$y_A = \frac{p_A}{p} = \frac{p_A^* x_A}{p} \qquad y_B = \frac{p_B}{p} = \frac{p_B^* x_B}{p}$$

所以：
$$\frac{y_A}{y_B} = \frac{p_A^* x_A}{p_B^* x_B}$$

若 A 为易挥发组分，即 $p_A^* > p_B^*$，则：
$$\frac{y_A}{y_B} > \frac{x_A}{x_B}$$

变形为：
$$\frac{y_B}{y_A} < \frac{x_B}{x_A}$$

变形为：
$$\frac{1-y_A}{y_A} < \frac{1-x_A}{x_A}$$

得：
$$y_A > x_A$$

即易挥发组分在气相中的摩尔分数要大于它在液相中的摩尔分数。

将理想完全互溶双液系的压力、液相组成、气相组成绘制于同一张图中，得到 $p$-$x$-$y$ 图，如图 5-3 所示。

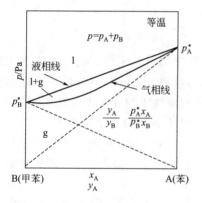

图 5-3　理想完全互溶双液系 $p$-$x$-$y$ 图

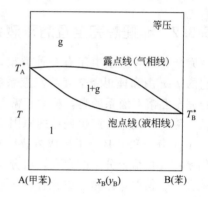

图 5-4　理想完全互溶双液系 $T$-$x$ 图

在这张图中，直线为液相线，曲线为气相线，液相线和气相线之间的区域称为梭形区。液相线上方区域为液相区，$\varphi=1$，$f^*=2$；气相线下方区域为气相区，$\varphi=1$，$f^*=2$；梭形区内为气液两相共存区，$\varphi=2$，$f^*=1$。

（3）$T$-$x$ 图　压力恒定时，以 $T$ 为纵坐标，以 $x$ 为横坐标，建立 $T$-$x$ 图，如图 5-4 所示，$T$-$x$ 图可直接从实验数据绘制，也可通过 $p$-$x$ 图绘制。

由上图可知，气相线在上，液相线在下，中间区域为梭形区。气相线上方区域为气相区，$\varphi=1$，$f^*=2$；液相线下方区域为液相区，$\varphi=1$，$f^*=2$；梭形区内为气液两相共存区，$\varphi=2$，$f^*=1$。

在梭形区内气液组成遵循杠杆规则（lever rule）。

在图 5-5 中，系统的物系点 $C$ 的组成为 $x_A$，组分 B 既存在于液相中，又存在于气相中液相点的组成为 $x_1$，气相点的组成为 $x_g$，若系统的总物质的量为 $n$，液相和气相的物质的量分别为 $n_1$ 和 $n_g$，系统 B 组分在两相中满足如下关系：

$$nx_A = n_1 x_1 + n_g x_g \qquad (5\text{-}6)$$

因为：
$$n = n_1 + n_g$$

所以：
$$(n_1 + n_g) x_A = n_1 x_1 + n_g x_g$$

所以：
$$n_1(x_1 - x_A) = n_g(x_A - x_g)$$
所以：
$$n_1 CD = n_g CE$$

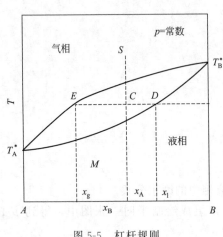

图 5-5　杠杆规则

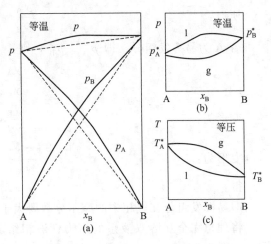

图 5-6　偏差不大的正偏差体系

## 5.3.2　非理想完全互溶双液系

在完全互溶双液系中还有一种类型，它的组分不遵守拉乌尔定律，我们称之为实际溶液。它的 $p$-$x$ 图和理想完全互溶双液系相比，有一定的偏离。若实际溶液的蒸气压和分压比理想完全互溶双液系的高，称为正偏差；若实际溶液的蒸气压和分压比理想完全互溶双液系的低，称为负偏差。产生偏差的原因主要有三个，一是由各组分间的引力不同所产生的，例如，A-A 分子和 B-B 分子形成溶液后有 A-B 分子存在，这三种分子间的作用力不同就会引起偏差；二是缔合分子的存在，组分 A 和组分 B 形成溶液后，如果有缔合度的增加和减少，就会产生偏差；三是形成化合物或氢键，也会产生偏差。

图 5-6 表示偏差不大的非理想完全互溶双液系，常见的体系有苯-丙酮、水-甲醇等体系。

图 5-7 表示正偏差较大的非理想完全互溶双液系，常见体系有甲醇-氯仿、水-乙醇等体系。正偏差相图的特征是 $p$-$x$ 图上有最高点、$T$-$x$ 图上有最低点。这个最低点称为最低恒沸点

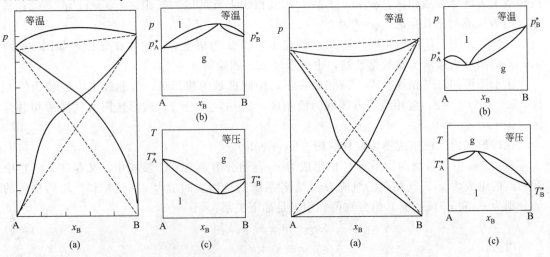

图 5-7　偏差很大的正偏差体系　　　　图 5-8　偏差很大的负偏差体系

（minimum azeotropic point），最低点所对应的物质称为最低恒沸混合物。最低恒沸混合物在定压下组成恒定，但和化合物还是有明显区别的，最低恒沸混合物的组成随着压力的改变而改变，而化合物的组成不随压力的改变而改变。在标准压力 $p^{\ominus}$ 下，水-乙醇体系的最低恒沸点为 78.2℃，最低恒沸混合物含乙醇 95.6%。

图 5-8 表示负偏差很大的非理想完全互溶双液系，常见体系有氯仿-乙醚、水-盐酸等体系。负偏差相图的特征是 $p$-$x$ 图上有最低点、$T$-$x$ 图上有最高点。这个最高点称为最高恒沸点，最高点所对应的物质称为最高恒沸混合物。如水-盐酸体系，在标准压力下最高恒沸点为 108.5℃，最高恒沸混合物中含 HCl20.24%，该恒沸混合物通常用作定量分析的标准溶液。

### 5.3.3 部分互溶双液系

当两种液体的性质相差较大，则可能发生部分互溶的现象，即在一定温度和浓度范围内，两种液体部分混溶，只有当一种液体的量很大时，才有可能是一相。我们把这样的双液系称为部分互溶双液系，通常有三种类型，即具有最高会溶温度的部分互溶双液系；具有最低会溶温度的部分互溶双液系；同时具有最高和最低会溶温度的部分互溶双液系。

下面我们以具有最高会溶温度的部分互溶双液系相图为例，来进行分析学习。

图 5-9 是水-苯胺的 $T$-$x$ 图，在该相图中，$DBE$ 线之上是单相区；$DBE$ 线之下是两相区。$DA'B$ 线有两个解释，从横坐标看，表示苯胺在水中的溶解度曲线，可以看出，随着温度升高，苯胺在水中的溶解度增大；从纵坐标看，表示溶液的会溶温度曲线。$EA''B$ 也有两个解释，从横坐标看，表示水在苯胺中的溶解度曲线，随着温度升高，水在苯胺中的溶解度增大，从纵坐标看，表示溶液的会溶温度曲线。

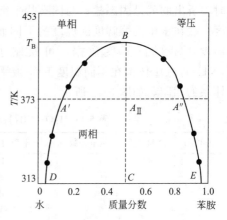

图 5-9　水-苯胺的溶解度图

$B$ 点所对应温度叫作体系的最高会溶温度，它表示不管两个组分的比例是多少，温度只要高于最高会溶温度，体系就变成一相。$A'A''$ 表示共轭层，$A'$ 和 $A''$ 称为共轭配对点。

图 5-10 是水-三乙基胺的 $T$-$x$ 图，它是具有最低会溶温度的部分互溶双液系的相图的代表。

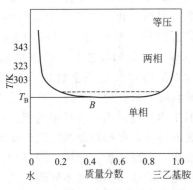

图 5-10　水-三乙基胺的溶解度图

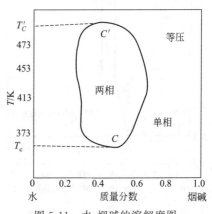

图 5-11　水-烟碱的溶解度图

图 5-11 是水-烟碱的 $T\text{-}x$ 图，它是同时具有最高和最低会溶温度的部分互溶双液系的相图的代表。

# 5.4 二组分系统——生成低共熔混合物的相图

二组分固体系统不仅包括物质的熔化、结晶和晶型转变，而且两组分之间可能存在着各种不同的物理作用和化学作用，如形成低共熔点、产生化合物、出现固溶体或液相分层等等。但不论是怎样复杂的二元系统相图，都是由一些基本类型相图综合而成。因此，对基本类型相图的学习是分析和理解复杂相图的基础。

两个组分生成低共熔混合物是指两个组分在液态时能以任意比例互溶，形成单相溶液，随着温度降低，两个组分从液相开始结晶，组分间不生成化合物，生成固相时完全不互溶。

二元固体相图的绘制一般有两种方法。

（1）溶解度法 溶解度法一般用来绘制水-盐体系的相图，其原理是将水-盐体系降温，溶液的浓度很稀时，析出的是冰，不同浓度的溶液析出冰的温度不同；当溶液的浓度较浓时，析出的就是固态盐，与固态盐平衡共存的溶液是盐的饱和溶液，它的浓度就是盐的溶解度；盐在水中的溶解度因温度的不同而不同。测定一系列不同浓度水-盐体系的冰点及不同温度下盐的溶解度数据，可绘制水-盐体系固-液平衡相图。比如：实验测定 $H_2O$-$(NH_4)_2SO_4$ 体系在不同温度下固-液平衡数据，列成表 5-1，就可以绘制 $H_2O$-$(NH_4)_2SO_4$ 体系的相图，如图 5-12 所示。

表 5-1 $H_2O$-$(NH_4)_2SO_4$ 体系在不同温度下固-液平衡数据表

| 温度/℃ | $(NH_4)_2SO_4$（质量分数）/% | 平衡时的固相 | 温度/℃ | $(NH_4)_2SO_4$（质量分数）/% | 平衡时的固相 |
|---|---|---|---|---|---|
| −5.55 | 16.7 | 冰 | 40 | 44.8 | $(NH_4)_2SO_4$ |
| −11 | 28.6 | 冰 | 50 | 45.8 | $(NH_4)_2SO_4$ |
| −18 | 37.5 | 冰 | 60 | 46.8 | $(NH_4)_2SO_4$ |
| −19.1 | 38.4 | 冰＋$(NH_4)_2SO_4$ | 70 | 47.8 | $(NH_4)_2SO_4$ |
| 0 | 41.4 | $(NH_4)_2SO_4$ | 80 | 48.8 | $(NH_4)_2SO_4$ |
| 10 | 42.2 | $(NH_4)_2SO_4$ | 90 | 49.8 | $(NH_4)_2SO_4$ |
| 20 | 43.0 | $(NH_4)_2SO_4$ | 100 | 50.8 | $(NH_4)_2SO_4$ |
| 30 | 43.8 | $(NH_4)_2SO_4$ | 108 | 51.8 | $(NH_4)_2SO_4$ |

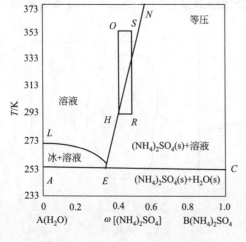

图 5-12 $H_2O$-$(NH_4)_2SO_4$ 相图

利用图 5-12，还可以进行粗盐的提纯，在这里就不做阐述了。

（2）热分析法 其原理是首先对系统进行加热，让两个固相均熔化，然后均匀缓慢地降温，同时记录降温过程中系统的温度-时间数据，以温度为纵坐标，时间为横坐标，绘制成温度-时间曲线，称为步冷曲线。当系统内没有相变化时，系统的温度随时间均匀下降，画出的冷却曲线是斜率不变的直线；当系统有相的变化时，就要吸收或放出热量，在冷却曲线上就会反映出直线的斜率改变，出现转折。所以，画出步冷曲线就可以找出相变温度。如果对不同组成的二组分系统分别画出步冷曲线，找出相变温度，就可以得到相变温度和组成的对应关系，把这种对应关系表示在温度-组成图上就可以绘制出二组分系统相图。

下面重点讲解一下利用热分析法绘制二元体系 Bi-Cd 生成低共熔混合物的相图。

配制含 Cd 质量分数为 0、0.2、0.4、0.7、1 的五个样品，在常压下加热至完全熔化为液态，然后缓慢冷却，测定每个样品的不同时间的温度数据，可以得到每个样品的步冷曲线，如图 5-13(a) 所示。然后对每个样品的步冷曲线进行分析，找出发生相变化时的温度，在对应的温度-组成图上描点，得到二元体系 Bi-Cd 的相图，如图 5-13(b) 所示。

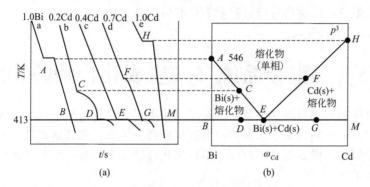

图 5-13　二元体系 Bi-Cd 的步冷曲线和相图

含 Cd 的质量分数为 0 的步冷曲线为纯 Bi 的步冷曲线，在标准压力 $p^{\ominus}$ 下，从熔液状态开始缓慢降温，处于 a-A 段时，$\varphi=1$，$C=1$，由 $f^{*}+\varphi=C+1$ 可知，$f^{*}=1$，即状态由温度决定，该段为均匀降温阶段；步冷曲线在 A 处有一个平台，即温度对状态不再产生影响，此时 $f^{*}=0$，由 $C=1$，$f^{*}+\varphi=C+1$ 可知，$\varphi=2$，所以在 A 这个平台是两相共存的，即熔液和固相 Cd 共存。该平台温度 546K 就是金属 Bi 的熔点，可以在绘制相图时找到对应的 A 点。

同理可由纯 Cd 的步冷曲线得知，Cd 的熔点为 596K，在绘制相图时找到对应的 H 点。

含 Cd 的质量分数为 0.2 的步冷曲线，在标准压力 $p^{\ominus}$ 下，从熔液状态开始缓慢降温，处于 b-C 段时，$\varphi=1$，$C=2$，由 $f^{*}+\varphi=C+1$ 可知，$f^{*}=2$，即状态由温度和组成决定，该段为均匀降温阶段；当冷却到 C 点所对应的温度时，金属 Bi 达到饱和，开始结晶，固-液两相共存，此时 $\varphi=2$，$f^{*}=1$，在绘制相图时找到对应的 C 点；随着 Bi 的析出，Cd 在熔液中的百分含量增加，当系统降温到 413K 时，Bi 和 Cd 按照规定比例同时析出，并与前面析出的 Bi 混合，此时 $\varphi=3$，$f^{*}=0$，出现一个平台 D，在该平台上析出的 Bi 和 Cd 的混合物称为简单的低共熔混合物。在绘制相图时找到对应的 D 点。

含 Cd 的质量分数为 0.4 的步冷曲线比较特殊，虽然是混合物，但在降温过程中只出现一个温度平台，且为 413K，由前面讲解可知，Bi 和 Cd 混合物在 413K 的平台对应的物质是简单低共熔混合物，在绘制相图时找到对应的 E 点。

含 Cd 的质量分数为 0.7 的步冷曲线，在标准压力 $p^{\ominus}$ 下，从熔液状态开始缓慢降温，处于 d-F 段时，$\varphi=1$，$C=2$，由 $f^{*}+\varphi=C+1$ 可知，$f^{*}=2$，即状态由温度和组成决定，该段为均匀降温阶段；当冷却到 F 点所对应的温度时，金属 Cd 达到饱和，开始结晶，固-液两相共存，此时 $\varphi=2$，$f^{*}=1$，在绘制相图时找到对应的 F 点；随着 Cd 的析出，Bi 在熔液中的百分含量增加，当系统降温到 413K 时，Bi 和 Cd 按照规定比例同时析出，并与前面析出的 Cd 混合，此时 $\varphi=3$，$f^{*}=0$，出现一个平台 G，在该平台上析出的 Bi 和 Cd 的混合物称为简单的低共熔混合物。在绘制相图时找到对应的 G 点。

将两相共存的点 $A$、$C$、$E$，$F$、$H$、$E$ 连接；将三相共存的点 $D$、$E$、$G$ 连接就形成了图 5-13(b)。

下面对二元体系 Bi-Cd 的简单低共熔混合物相图进行讲解。

$ACEFH$ 线之上相区为熔化物的单相区。

$ABE$ 相区为 Bi 和熔化物两相共存区。

$HEM$ 相区为 Cd 和熔化物两相共存区。

$BDGM$ 线之下相区为 Bi、Cd 和熔化物三相共存区。

$E$ 点是低共熔点，$E$ 点所对应的物质为低共熔混合物。

$BDGM$ 线是三相共存线。

## 5.5　二组分系统——生成化合物的相图

生成的化合物相图含有两种类型，一是生成稳定化合物的相图；二是生成不稳定化合物的相图。二者的主要区别是稳定化合物的温度如果高于熔点，则其状态是液态；温度低于熔点，则其状态是固态，但是组成不改变。不稳定化合物在未达熔点以前就分解为两个不同的物质，组成发生了改变。

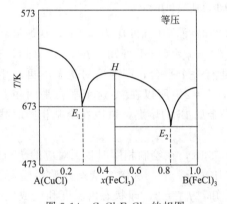

图 5-14　CuCl-FeCl$_3$ 的相图

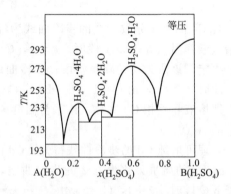

图 5-15　H$_2$O-H$_2$SO$_4$ 的相图

（1）生成稳定化合物的相图　　CuCl 和 FeCl$_3$ 生成了稳定化合物 C，$H$ 点所对应的温度就是该化合物的熔点，在具体的相图的解析上可以看成是两张简单低共熔混合物相图的结合。$E_1$ 点为低共熔点，所对应的物质为化合物 C 和 A 形成的低共熔混合物；$E_2$ 点为低共熔点，所对应的物质为化合物 C 和 B 形成的低共熔混合物。图 5-14 是 CuCl-FeCl$_3$ 的相图。

图 5-15 是 H$_2$O-H$_2$SO$_4$ 的相图，可以看出，H$_2$O 和 H$_2$SO$_4$ 生成 3 个化合物，分别为 H$_2$SO$_4 \cdot$ H$_2$O、H$_2$SO$_4 \cdot$ 2H$_2$O、H$_2$SO$_4 \cdot$ 4H$_2$O，整个相图可以看成由 4 张简单低共熔混合物的相图组成。从图上可以看出，不同浓度的 H$_2$SO$_4$ 混合，会导致凝固点的剧烈变化，例如，98% H$_2$SO$_4$ 凝固点在 273K 左右，但 98% H$_2$SO$_4$ 和 H$_2$SO$_4 \cdot$ H$_2$O 形成的低共熔混合物的温度在 238K 左右。所以，在工业生产中，同一条管道只能输送同一浓度的 H$_2$SO$_4$ 溶液。

（2）生成不稳定化合物的相图　　有时，组分 A 和 B 所形成的化合物 C 加热熔化后所得到的液相组成和固相并不相同，即加热达到一定温度时发生分解分解成为一个熔液 I 和另一固体 P，这种化合物称为不稳定化合物。属于这类相图的有 Na-K（Na$_2$K）、H$_2$O-NaCl（NaCl-2H$_2$O）、KCl-CuCl$_2$（2KCl $\cdot$ CuCl$_2$）等。

图 5-16 就是一张生成不稳定化合物的相图。

化合物 C（$CaF_2 \cdot CaCl_2$）是一个不稳定化合物，将化合物 C 加热到一定温度时，它分解为熔液 I 和另一固体 P（$CaF_2$ 固体）：

$$C \Longrightarrow I(熔液) + P(CaF_2 \ 固体)$$

这种熔融方式称为"不相合熔融"，熔液和固相组成不一致。$P$ 点的温度是化合物 C 的分解温度，称为转熔温度。

当温度低于转熔温度时，发生反应：

$$I(熔液) + P(CaF_2 \ 固体) \Longrightarrow C$$

这个反应是一个液相 I 和一个固相 P 生成另一个固相 C 的反应，原来已经析出的固相 P 重新溶解，产生新的化合物 C 的晶体包裹着固相 P，所以该反应又称为包晶反应，由于内层的固体 P 不

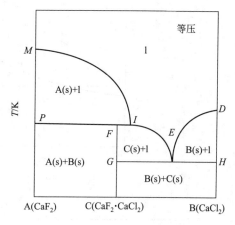

图 5-16　$CaF_2$-$CaCl_2$ 的相图

能与熔液反应，所以在转熔温度以下时，得到的固体不是一个纯化合物，而是内核是固体 P、外层是化合物 C 的混合物。

在这张相图中：

*MIED* 线之上相区为熔化物 1 的单相区。

*MIP* 相区为 A(s) 和熔化物 1 两相共存区。

*DEH* 相区为 B(s) 和熔化物 1 两相共存区。

*PF* 线之下 *FG* 线以左相区为 A(s) 和 C(s) 两相共存区。

*FIEG* 相区为 C(s) 和熔化物 1 两相共存区。

*GH* 线之下相区为 B(s) 和 C(s) 两相共存区。

*PFI* 线为 P（$CaF_2$ 固体）、C(s)、I（熔液）三相共存线。

*GH* 线为 C(s)、E、H（$CaCl_2$ 固体）三相共存线。

# 5.6　二组分系统——生成固溶体的相图

一种金属均匀溶解于另一种金属中能够形成固溶体。当两种金属原子尺寸相近、能在晶格中互相取代时，所形成的固溶体称为置换式固溶体或代位固溶体；当一种金属原子很小，能够镶嵌在另一种金属晶格的空位中的，所形成的固溶体是间隙式固溶体。固溶体分为完全互溶固溶体和部分互溶固溶体两类。

若两种金属在液态和固态时都能够以任意比例完全互溶，就称之为完全互溶固溶体。

图 5-17 就是 Bi-Sb 的完全互溶固溶体的相图和步冷曲线。

液相线 $AA'$ 之上的 F 相区是液相区，$\varphi = 1$、$C = 2$、$f^* = 2$。

固相线 $BB'$ 之下的 M 相区是固相区，$\varphi = 1$、$C = 2$、$f^* = 2$。

液相线 $AA'$ 和固相线 $BB'$ 之间的梭形区为两相平衡共存区，$\varphi = 2$、$C = 2$、$f^* = 1$。

图 5-18 是 $KNO_3$-$TiNO_3$ 部分互溶固溶体的相图，该相图属于有低共熔点的类型。

*AEB* 相区是熔液的单相区。

*AJE* 相区是固溶体（Ⅰ）和熔液的两相平衡共存区。

*BEC* 相区是固溶体（Ⅱ）和熔液的两相平衡共存区。

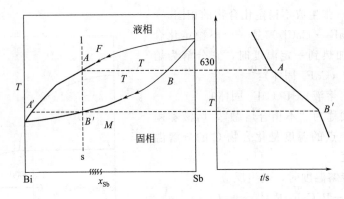

图 5-17　Bi-Sb 的相图和步冷曲线

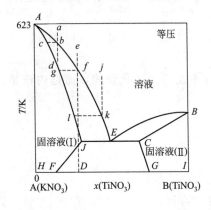

图 5-18　KNO₃-TiNO₃ 的相图

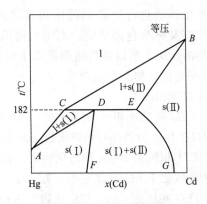

图 5-19　Hg-Cd 的相图

$AHFJ$ 相区是固熔体（Ⅰ）的单相区。

$BCGI$ 相区是固熔体（Ⅱ）单相区。

$JFGC$ 相区是固熔体（Ⅰ）和固熔体（Ⅱ）的两相共存区。

图 5-19 是 Hg-Cd 部分互溶固熔体的相图，该相图属于有转熔温度的类型。

$ACB$ 线之上的相区是熔液的单相区。

$ACD$ 相区是固熔体（Ⅰ）和熔液的两相平衡共存区。

$BCE$ 相区是固熔体（Ⅱ）和熔液的两相平衡共存区。

$ADF$ 相区是固熔体（Ⅰ）的单相区。

$BEG$ 相区是固熔体（Ⅱ）的单相区。

$DFGE$ 相区是固熔体（Ⅰ）和固熔体（Ⅱ）的两相共存区。

$CDE$ 线是固熔体（Ⅰ）、熔液、固熔体（Ⅱ）的三相共存线。

该相图之所以称为具有转熔温度的类型，是因为固熔体（Ⅰ）的生成完全在 $CDE$ 平台的温度之下，所以 $CDE$ 平台温度也称为固熔体（Ⅰ）的转熔温度。

# 5.7　三组分体系的相图

因为三组分系统 $C=3$，由相律 $f+\varphi=C+2$ 可知，$f+\varphi=5$，所以三组分系统最多 5 相共存，此时自由度为 0；三组分系统最多有 4 个自由度，即温度、压力、两个组成，此时相数为 1。所以三组分体系的相图用三维坐标也不能够表示，在一般情况下，我们总是保持温度、压力恒定，用平面图形来表示三组分体系的相图。

我们用等边三角形的三个顶点来表示三组分体系的三个组成，同时将三边等分成 100 等份，如图 5-20 所示。

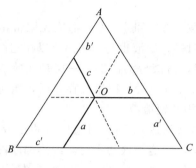

图 5-20　三角形组成表示法（一）

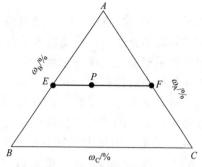

图 5-21　三角形组成表示法（二）

三角形的边 $AB$、$BC$、$CA$ 表示二组分体系，三角形内部任意一点均表示三组分体系，比如物系点 $O$ 就是一个三组分体系，那么 $O$ 点所对应的体系中含 A、B、C 的含量是多少呢？

通过 $O$ 点做 $BC$ 边平行线与 $AC$ 边相交于一点，该点在 $AC$ 边上的读数就表示 A 的含量，用 $a'$ 表示；通过 $O$ 点做 $AC$ 边平行线与 $AB$ 边相交于一点，该点在 $AB$ 边上的读数就表示 B 的含量，用 $b'$ 表示；通过 $O$ 点做 $AB$ 边平行线与 $BC$ 边相交于一点，该点在 $BC$ 边上的读数就表示 C 的含量，用 $c'$ 表示；显然 $a'+b'+c'=1$。

### 5.7.1　等边三角形规则

① 在平行于底边的任意一条线上，所有代表物系的点中，含顶角组分的质量分数相等。例如，$E$、$P$、$F$ 这些物系点，含 A 的质量分数相同。如图 5-21 所示。

② 在通过顶点的任一条线上，其余两组分之比相等。例如，$AD$ 线上 B 和 C 含量之比相同。在这条线上，离顶点越近，代表顶点组分的含量越多；离顶点越远，代表顶点组分的含量越少。例如，$AD$ 线上，$G$ 点所代表的物系比 $D$ 点所代表的物系中含 A 的量多。见图 5-22。

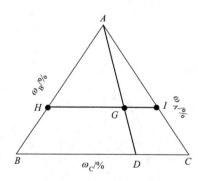

图 5-22　三角形组成表示法（三）

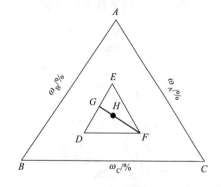

图 5-23　三角形组成表示法（四）

③ 如果代表两个三个组分体系的 $D$ 点和 $E$ 点混合成新体系的物系点 $G$ 在 $DE$ 连线上，则哪个物系含量多，$G$ 点就靠近那个物系点。$G$ 点的位置可用杠杆规则求算。用 $m_D$ 和 $m_E$ 分别代表 D 和 E 的质量，则有：$m_D×DG=m_E×EG$。如图 5-23 所示。

④ 由三个三组分体系 $D$、$E$、$F$ 混合而成的新体系的物系点，落在这三点组成的三角形的重心位置，即 $H$ 点。如图 5-23 所示。先用杠杆规则求出 $D$、$E$ 混合后新体系的物系点 $G$，再用杠杆规则求 $G$、$F$ 混合后的新体系物系点 $H$，$H$ 即为 $DEF$ 的重心。

## 5.7.2 部分互溶三液系

如图 5-24 所示，醋酸（A）和氯仿（B）以及醋酸（A）和水（C）都能无限混溶；但氯仿和水只能部分互溶，当氯仿或水的含量绝对多的时候，溶液也是单相。所以在它们组成的三组分体系相图上出现一个帽形区，在 $a$ 和 $b$ 之间，溶液分为两层，一层是在醋酸存在下，水在氯仿中的饱和液，如 $a_1$、$a_2$、$a_3$、$a_4$…所示；另一层是在醋酸存在下，氯仿在水中的饱和液，如 $b_1$、$b_2$、$b_3$、$b_4$…所示。这对溶液称为共轭溶液。

在物系点为 $c$ 的体系中加醋酸，物系点向 A 移动，到达 $c_1$ 时，对应的两相组成为 $a_1$ 和 $b_1$。由于醋酸在两层中含量不等，所以联结线 $a_1b_1$ 不一定与底边平行。继续加醋酸，使 B、C 两组分互溶度增加，联结线缩短，最后缩为一点 $O$，$O$ 点称为等温会溶点（isothermal consolute point），这时两层溶液界面消失，成单相。组成帽形区的 $aob$ 曲线称为双结线（binodal solubility curve）。

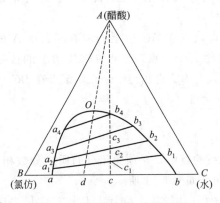

图 5-24 醋酸-氯仿-水的相图

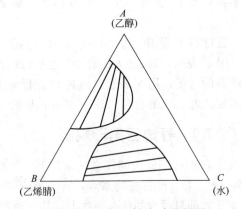

图 5-25 乙醇-乙烯腈-水的相图

属于这类的相图还有两组部分互溶的三液系，如图 5-25 所示；三组部分互溶的三液系，如图 5-26 所示。在这里就不做讲解了。

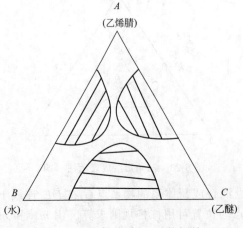

图 5-26 乙烯腈-水-乙醚的相图

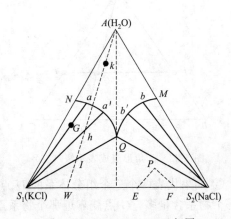

图 5-27 $H_2O$-KCl-NaCl 相图

### 5.7.3 三组分水盐体系

三组分水盐体系是指一水二盐体系，类型很多，由于有离子交互作用，相图很复杂。在这里我们介绍两种盐具有一个共同的离子的体系。

图 5-27 是 $H_2O$-KCl-NaCl 三组分体系的相图。

$NQM$ 线之上相区是单相区，即 KCl、NaCl 的不饱和溶液区。

$S_1NQ$ 相区是 KCl 和溶液的两相共存区，该溶液对 KCl 而言是饱和溶液，对 NaCl 而言是不饱和溶液。

$S_2MQ$ 相区是 NaCl 和溶液的两相共存区，该溶液对 NaCl 而言是饱和溶液，对 KCl 而言是不饱和溶液。

$S_1QS_2$ 相区表示 KCl、NaCl 和溶液的三相共存区，此时的溶液对 KCl、NaCl 而言都是饱和溶液。

$N$ 点表示 KCl 的饱和溶液，$NQ$ 线表示 NaCl 在该溶液中的溶解度曲线。

$M$ 点表示的 NaCl 饱和溶液，$MQ$ 线表示 KCl 在该溶液中的溶解度曲线。

$Q$ 点表示三相共存点，此时三相为 KCl（s）、NaCl（s）和溶液（l）。

例如：相图中的 $G$ 点在联结线 $S_1a$ 上，液相相点为 $a$ 点，固相相点为 $S_1$ 点，固液相质量可由杠杆规则求得。相图中的 $P$ 点的三相质量之比可由重心规则求得。

图 5-28 是 $H_2O$-$NH_4NO_3$-$AgNO_3$ 三组分体系的相图，该相图属于有复盐生成的类型。

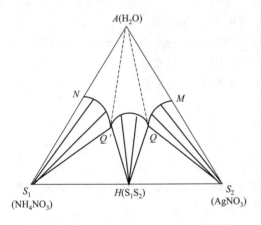

图 5-28  $H_2O$-$NH_4NO_3$-$AgNO_3$ 的相图

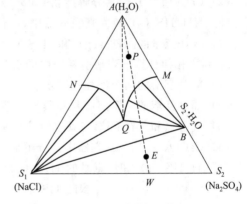

图 5-29  $H_2O$-NaCl-$Na_2SO_4$ 的相图

图中 $H$ 点表示 $S_1$（$NH_4NO_3$）和 $S_2$（$AgNO_3$）生成的复盐 $S_1S_2$。

$NQ'QM$ 线之上的相区是单相区，即不饱和溶液区。

$S_1Q'N$ 相区为 $NH_4NO_3$（s）与溶液的两相共存区。该溶液对 $NH_4NO_3$ 而言是饱和溶液，对复盐 $S_1S_2$ 而言是不饱和溶液。

$S_2QM$ 相区表示 $AgNO_3$ 和溶液的二相共存区，该溶液对 $AgNO_3$ 而言是饱和溶液，对复盐 $S_1S_2$ 而言是不饱和溶液。

$HQ'Q$ 相区表示溶液（1）、溶液（2）、复盐 $S_1S_2$ 的三相共存区。

$S_1Q'H$ 相区表示 $NH_4NO_3$（s）、溶液（1）、复盐 $S_1S_2$ 的三相共存区。

$S_2QH$ 相区表示 $AgNO_3$（s）、溶液（2）、复盐 $S_1S_2$ 的三相共存区。

$N$ 点表示 $NH_4NO_3$ 饱和溶液，$NQ'$ 线表示复盐 $S_1S_2$ 在该溶液中的溶解度曲线。

$M$ 点表示 $AgNO_3$ 的饱和溶液，$MQ$ 线表示复盐 $S_1S_2$ 在该溶液中的溶解度曲线。

$Q'$ 点表示三相共存点，此时三相为 $NH_4NO_3$（s）、溶液（1）、复盐 $S_1S_2$。

$Q$ 点表示三相共存点，此时三相为 $AgNO_3$（s）、溶液（2）、复盐 $S_1S_2$。

图 5-29 为 $H_2O$-$NaCl$-$Na_2SO_4$ 三组分体系的相图，该相图属于有水合物生成的类型。

图中 $B$ 点表示 $A$（$H_2O$）和 $S_2$（$Na_2SO_4$）生成的水合物 $Na_2SO_4 \cdot 10H_2O$。

$NQMA$ 线之上的相区是单相区，即不饱和溶液区。

$S_1NQ$ 相区为 $NaCl$（s）与溶液的两相共存区。该溶液对 $NaCl$ 而言是饱和溶液，对 $Na_2SO_4 \cdot 10H_2O$ 而言是不饱和溶液。

$BQM$ 相区表示 $Na_2SO_4 \cdot 10H_2O$ 和溶液的二相共存区，该溶液对 $Na_2SO_4 \cdot 10H_2O$ 而言是饱和溶液，对 $NaCl$（s）而言是不饱和溶液。

$S_1QB$ 相区表示 $NaCl$（s）、$Na_2SO_4 \cdot 10H_2O$、溶液三相共存区，此时溶液对 $NaCl$（s）、$Na_2SO_4 \cdot 10H_2O$ 而言都是饱和溶液。

$BS_1S_2$ 相区表示 $NaCl$（s）、$Na_2SO_4 \cdot 10H_2O$（s）、$Na_2SO_4$（s）三相共存区。

$Q$ 点表示三相共存点，此时 $NaCl$（s）、$Na_2SO_4 \cdot 10H_2O$、溶液三相共存。

# 习　题

1. 利用相律计算下列平衡系统中的组分数 $C$、相数 $\varphi$ 和自由度数 $f$。

（1）$I_2$（s）与其蒸气平衡。

（2）$CaCO_3$（s）与其分解产物 $CaO$（s）和 $CO_2$（g）达平衡。

（3）$NH_4HS$（s）放入真空容器中，与其分解产物 $NH_3$（g）和 $H_2S$（g）达平衡。

（4）取任意量的 $NH_3$（g）和 $H_2S$（g）与 $NH_4HS$（s）达平衡。

2. 利用相律计算下列平衡系统中的组分数 $C$、相数 $\varphi$ 和自由度数 $f$。

（1）部分互溶的两个液相呈平衡。

（2）部分互溶的两个溶液与其蒸气呈平衡。

（3）气态氢和氧在 25℃ 与其水溶液呈平衡。

（4）$CaCO_3$（s）在真空器中，分解成 $CO_2$（g）和 $CaO$（s）达平衡。

3. $NH_4HS$（s）和任意量的 $H_2S$（g）和 $NH_3$（g）相混合，并按下列反应达成平衡：

$$NH_4HS(s) \longrightarrow H_2S(g) + NH_3(g)$$

求：（1）独立组分数。

（2）若将 $NH_4HS$（s）放在抽真空的容器内，达到化学平衡后，独立组分数和自由度数各为多少。

4. 将 Ni-Cu 的熔融混合物冷却，由步冷曲线可知，在下列各温度时系统开始凝固及完全凝固，而且每种情况下析出的都是固态溶液：

| 镍的质量分数/% | 0 | 10 | 40 | 70 | 100 |
|---|---|---|---|---|---|
| 开始凝固点温度/℃ | 1083 | 1140 | 1270 | 1375 | 1452 |
| 完全凝固点温度/℃ | 1083 | 1100 | 1185 | 1310 | 1452 |

（1）根据上面的数据绘出 Ni-Cu 系统的温度-组成图，并标明每一相区存在的相。

（2）将 50%Ni 的系统自 1400℃ 冷却至 1200℃，说明所发生的状态变化，并标出开始凝固、完全凝固及 1275℃ 液固平衡时液态溶液与固态溶液的组成。

5. 测量 Mg-Si 系统的步冷曲线得到下列结果：

| Si 的质量分数/% | 0 | 3 | 20 | 37 | 45 | 57 | 70 | 85 | 100 |
|---|---|---|---|---|---|---|---|---|---|
| 曲线转折温度/℃ | — | — | 1000 | — | 1070 | — | 1150 | 1290 | — |
| 曲线水平温度/℃ | 651 | 638 | 638 | 1102 | 950 | 950 | 950 | 950 | 1420 |

（1）作出该系统的相图，确定镁和硅生成化合物的化学式。

（2）638℃ 及 950℃ 是什么温度？

（3）冷却含硅 85%（质量分数）的熔体 5kg 至 1200℃ 时可得多少纯硅？残液组成如何？

6. 在 100kPa 下 $HNO_3$、$H_2O$ 系统的组成如下表所示：

| 温度/℃ | 100 | 110 | 120 | 122 | 120 | 115 | 110 | 100 | 85.5 |
|---|---|---|---|---|---|---|---|---|---|
| $x$（$HNO_3$） | 0.00 | 0.11 | 0.27 | 0.38 | 0.45 | 0.52 | 0.60 | 0.75 | 1.00 |
| $y$（$HNO_3$） | 0.00 | 0.01 | 0.17 | 0.38 | 0.70 | 0.90 | 0.96 | 0.98 | 1.00 |

（1）画出此系统的沸点组成图。

（2）将 3mol $HNO_3$ 和 2mol $H_2O$ 的混合气冷却到 114℃，互相平衡的两相组成是多少？相对量为多少？

（3）将 3mol $HNO_3$ 和 2mol $H_2O$ 的混合物蒸馏，待溶液沸点升高了 4℃ 时，整个馏出物的组成是多少？

（4）将 3mol $HNO_3$ 和 2mol $H_2O$ 的混合物进行完全蒸馏，能得何物？

7. 下列数据是乙醇和乙酸乙酯的混合溶液在标准压力 $p^{\ominus}$ 及不同温度时，乙醇在互呈平衡的气、液两相中的摩尔分数：

| 温度/℃ | 77.15 | 75.0 | 71.8 | 71.6 | 72.8 | 76.4 | 78.3 |
|---|---|---|---|---|---|---|---|
| $x$（$C_2H_5OH$） | 0.00 | 0.100 | 0.360 | 0.462 | 0.710 | 0.940 | 1.00 |
| $y$（$C_2H_5OH$） | 0.00 | 0.164 | 0.398 | 0.462 | 0.600 | 0.880 | 1.00 |

（1）以温度 $T$ 对 $x$（$C_2H_5OH$）作沸点组成图，画出气液平衡曲线。

（2）当溶液的组成为 $x$（$C_2H_5OH$）＝0.75 时，最初馏出物的组成是什么？经分馏后剩下液体的组成是什么？上述溶液能否用精馏法得到纯乙醇和纯乙酸乙酯？

8. 下图是碳的相图，根据相图回答下列问题：

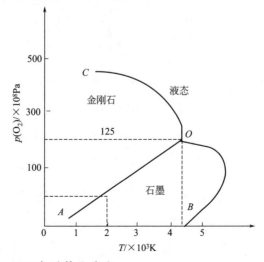

（1）曲线 $OA$、$OB$、$OC$ 表示什么含义。

（2）说明 $O$ 点的含义。

（3）碳在 25℃和 $p^{\ominus}$ 下以什么状态稳定存在。

（4）在 2000.15K 时增加压力，使石墨转变为金刚石是一个发热反应，试从相图判断两者的摩尔体积 $V_m$ 哪个大。

（5）从图上估计 2000.15K 时，将石墨变为金刚石需要多大的压力。

9. 指出下图所示的二组分凝聚体系相图中各相区存在的相态。

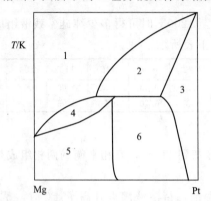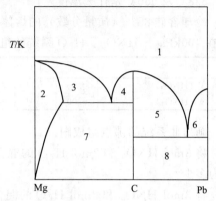

10. 指出下图所示的二组分凝聚体系相图中各相区存在的相态。

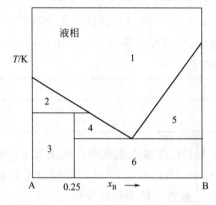

# 第6章
# 化学平衡

**重点内容提要:**

1. 掌握化学平衡的条件。
2. 掌握化学反应等温方程式及其应用。
3. 掌握热力学平衡常数和经验平衡常数及它们之间的关系。
4. 掌握标准摩尔生成吉布斯自由能的概念及其应用。
5. 掌握温度、压力、惰性气体对化学平衡的影响。

在化工生产过程中,我们不仅要知道反应能否自发进行,而且还要知道反应到什么程度为止,在什么条件下能得到更多的产品。因此有必要研究化学反应的方向和限度问题。

## 6.1　化学反应的平衡条件

一个不做非体积功的均相封闭体系,有化学反应 $\sum\limits_{B} \nu_B(B) = 0$ 发生,其多组分热力学基本方程式为:

$$dG = -SdT + Vdp + \sum_{B} \mu_B dn_B$$

等温、等压条件下:

$$dG = \sum_{B} \mu_B dn_B$$

因为:
$$dn_B = \nu_B d\xi \quad (\xi \text{ 为反应进度})$$

所以:
$$dG = \sum_{B} \mu_B \nu_B d\xi$$

定义:
$$\Delta_r G_m = \left(\frac{\partial G}{\partial \xi}\right)_{T,p} = \sum_{B} \nu_B \mu_B \tag{6-1}$$

所以:$\Delta_r G_m = \sum\limits_{B} \nu_B \mu_B > 0$ 时,反应不能正向进行。

$\Delta_r G_m = \sum\limits_{B} \nu_B \mu_B < 0$ 时,反应可以正向进行。

$\Delta_r G_m = \sum\limits_{B} \nu_B \mu_B = 0$ 时,反应达到平衡。

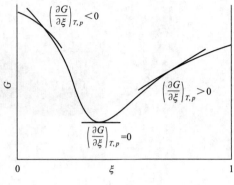

图 6-1  $G$-$\xi$ 关系图

由以上结论和图 6-1 可知，化学反应的变化方向的判据是 $\Delta_r G_m$，它的大小由反应物和生成物的化学势决定，当反应物的化学势之和大于生成物的化学势之和时，反应可以自发地正向进行；当反应物的化学势之和小于生成物的化学势之和时，反应不能自发进行；当反应物的化学势之和等于生成物的化学势之和时，反应达到平衡。

## 6.2  化学反应等温方程式

以理想气体反应体系为研究对象来进行讨论，再推广到其他反应体系就比较容易了。

理想气体的化学势为：$\mu_B = \mu_B^\ominus + RT\ln\dfrac{p_B}{p^\ominus}$，代入 $\Delta_r G_m = \sum\limits_B \nu_B \mu_B$ 得：

$$\Delta_r G_m = \sum_B \nu_B \mu_B = \sum_B \nu_B \left( \mu_B + RT\ln\frac{p_B}{p} \right) = \sum_B \nu_B \mu_B^\ominus + \sum_B \nu_B RT\ln\left(\frac{p_B}{p^\ominus}\right)$$

其中：
$$\Delta_r G_m^\ominus = \sum_B \nu_B \mu_B^\ominus$$

所以：
$$\Delta_r G_m = \Delta_r G_m^\ominus + \sum_B RT\ln\left(\frac{p_B}{p^\ominus}\right)^{\nu_B} \tag{6-2}$$

对任意的化学反应 $a\text{A} + b\text{B} \longrightarrow c\text{C} + d\text{D}$，公式(6-2) 变为：

$$\Delta_r G_m = \Delta_r G_m^\ominus + RT\ln\frac{\left(\dfrac{p_C}{p^\ominus}\right)^c \left(\dfrac{p_D}{p^\ominus}\right)^d}{\left(\dfrac{p_A}{p^\ominus}\right)^a \left(\dfrac{p_B}{p^\ominus}\right)^b}$$

令 $\Delta_r G_m = 0$

则：$\Delta_r G_m^\ominus = -RT\ln\dfrac{\left(\dfrac{p_C}{p^\ominus}\right)^c \left(\dfrac{p_D}{p^\ominus}\right)^d}{\left(\dfrac{p_A}{p^\ominus}\right)^a \left(\dfrac{p_B}{p^\ominus}\right)^b}$，此时的 $p_C$、$p_D$、$p_A$、$p_B$ 均为反应达平衡的压力。

定义：
$$K_p^\ominus = \frac{\left(\dfrac{p_C}{p^\ominus}\right)^c \left(\dfrac{p_D}{p^\ominus}\right)^d}{\left(\dfrac{p_A}{p^\ominus}\right)^a \left(\dfrac{p_B}{p^\ominus}\right)^b} \tag{6-3}$$

$K_p^\ominus$ 称为热力学平衡常数，它仅仅是温度的函数，它表示一个化学反应在一定温度下的终极限度，即在不考虑时间因素的条件下，一个化学反应能够达到的最大限度。

所以：
$$\Delta_r G_m = -RT\ln K_p^\ominus + RT\ln \frac{\left(\dfrac{p_C}{p^\ominus}\right)^c \left(\dfrac{p_D}{p^\ominus}\right)^d}{\left(\dfrac{p_A}{p^\ominus}\right)^a \left(\dfrac{p_B}{p^\ominus}\right)^b}$$

定义：
$$Q_f = \frac{\left(\dfrac{p_C}{p^\ominus}\right)^c \left(\dfrac{p_D}{p^\ominus}\right)^d}{\left(\dfrac{p_A}{p^\ominus}\right)^a \left(\dfrac{p_B}{p^\ominus}\right)^b} \tag{6-4}$$

其中，$Q_f$ 称为逸度商，此时 $p_C$、$p_D$、$p_A$、$p_B$ 是反应体系当时的压力。

所以：
$$\Delta_r G_m = -RT\ln K_p^\ominus + RT\ln Q_f \tag{6-5}$$

公式(6-5) 称为范霍夫等温方程式。

# 6.3  经验平衡常数

## 6.3.1  $K_p$

对于化学反应
$$a A + b B \longrightarrow c C + d D$$

定义：
$$K_p = \frac{p_C^c p_D^d}{p_A^a p_B^b} = p^{\Sigma \nu_B} \tag{6-6}$$

$K_p$ 称为压力平衡常数，它是一个有单位的数，它表示反应过程中的平衡点，它与热力学平衡常数 $K_p^\ominus$ 的关系如下：

$$K_p^\ominus = \frac{\left(\dfrac{p_C}{p^\ominus}\right)^c \left(\dfrac{p_D}{p^\ominus}\right)^d}{\left(\dfrac{p_A}{p^\ominus}\right)^a \left(\dfrac{p_B}{p^\ominus}\right)^b} = K_p \cdot \left(\frac{1}{p^\ominus}\right)^{\Sigma \nu_B}$$

即
$$K_p^\ominus = K_p \cdot (p^\ominus)^{-\Sigma \nu_B} \tag{6-7}$$

## 6.3.2  $K_x$

对于化学反应
$$a A + b B \longrightarrow c C + d D$$

定义：
$$K_x = \frac{x_C^c x_D^d}{x_A^a x_B^b} = x^{\Sigma \nu_B} \tag{6-8}$$

式中，$x$ 表示组分的摩尔分数，$K_x$ 单位为 1，它与压力平衡常数 $K_p$ 的关系如下：

$$K_x = \frac{x_C^c x_D^d}{x_A^a x_B^b} = \frac{\left(\dfrac{p_C}{p}\right)^c \left(\dfrac{p_D}{p}\right)^d}{\left(\dfrac{p_A}{p}\right)^a \left(\dfrac{p_B}{p}\right)^b} = K_p \left(\frac{1}{p}\right)^{\Sigma \nu_B}$$

即
$$K_x = K_p (p)^{-\Sigma \nu_B} \tag{6-9}$$

### 6.3.3 $K_c$

对于化学反应 $\qquad aA + bB \longrightarrow cC + dD$

定义：
$$K_c = \frac{c_C^c c_D^d}{c_A^a c_B^b} = c^{\Sigma \nu_B} \qquad (6\text{-}10)$$

式中，$c$ 表示组分的摩尔分数；$K_c$ 是一个有单位的量，它与压力平衡常数 $K_p$ 的关系如下。

对理想气体而言： $\qquad pV = nRT$

所以： $\qquad p = cRT$

$$K_p = \frac{p_C^c p_D^d}{p_A^a p_B^b} = \frac{(c_C RT)^c (c_D RT)^d}{(c_A RT)^a (c_B RT)^b} = K_c (RT)^{\Sigma \nu_B}$$

即 $\qquad K_c = K_p (RT)^{-\Sigma \nu_B} \qquad (6\text{-}11)$

### 6.3.4 $K_a$

对于液相化学反应 $\qquad aA + bB \longrightarrow cC + dD$

定义：
$$K_a = \frac{a_C^c a_D^d}{a_A^a a_B^b} = a^{\Sigma \nu_B} \qquad (6\text{-}12)$$

式中，$a$ 表示组分的活度；$K_a$ 是一个有单位的量。

# 6.4　标准生成吉布斯自由能

对于任意化学反应 $A + B \longrightarrow C$，如果我们知道 A、B、C 的吉布斯自由能的数值，就可以利用生成物的吉布斯自由能的数值减去反应物的吉布斯自由能的数值来计算反应的吉布斯自由能变。但是吉布斯自由能是状态函数，没有绝对值，只有相对值。这给我们解决问题带来极大的不方便。

为了解决问题，做了如下规定：在标准压力下，在进行反应的温度时，最稳定单质的标准摩尔生成吉布斯自由能的数值为零。

依据这个规定，就有了如下定义：在标准压力下，在进行反应的温度时，生成 1mol 化合物的吉布斯自由能的变化值叫作该化合物的标准摩尔生成吉布斯自由能，用 $\Delta_f G_m^{\ominus}$ 表示。化合物的标准摩尔生成吉布斯自由能可在热力学数据表中查到。

有了化合物的标准摩尔生成吉布斯自由能，就可以按如下公式计算化学反应的标准摩尔反应吉布斯自由能变。

$$\Delta_r G_m^{\ominus} = \Sigma \nu_B \Delta_f G_{m,B}^{\ominus} \qquad (6\text{-}13)$$

标准摩尔生成吉布斯自由能有如下几个应用。

（1）计算化学反应的 $\Delta_r G_m^{\ominus}$ 和 $K_p^{\ominus}$。

【例 6-1】 计算下列反应在 298.15K 时的 $\Delta_r G_m^{\ominus}$ 和 $K_p^{\ominus}$。
$$C(s) + CO_2(g) \longrightarrow 2CO(g)$$

已知 $\Delta_f G_{m,B}^{\ominus}(CO_2, g) = -394.4 kJ/mol$；$\Delta_f G_{m,B}^{\ominus}(CO, g) = -137.3 kJ/mol$。

解： $\Delta_r G_m^{\ominus} = \Sigma \nu_B \Delta_f G_{m,B}^{\ominus}$

$\qquad = 2\Delta_f G_m^{\ominus}(CO, g) - \Delta_f G_m^{\ominus}(C, s) - \Delta_f G_m^{\ominus}(CO_2, g)$

$\qquad = [2 \times (-137.3) - (-394.4)] kJ/mol$

$$=119.8 \text{kJ/mol}$$

因为：$\Delta_r G_m^{\ominus} = -RT\ln K_p^{\ominus}$

所以：
$$K_p^{\ominus}(298.15\text{K}) = \exp\left(-\frac{\Delta_r G_m^{\ominus}}{RT}\right)$$
$$= \exp\left(-\frac{119.8 \times 10^3}{8.314 \times 298.15}\right)$$
$$= 1.00 \times 10^{-21}$$

（2）估算反应的可能性　化学反应等温式 $\Delta_r G_m = \Delta_r G_m^{\ominus} + RT\ln Q_f$，当 $\Delta_r G_m^{\ominus}$ 的数值绝对大或绝对小的时候，都可以决定 $\Delta_r G_m$ 的符号。依据经验，一般地，当 $\Delta_r G_m^{\ominus}$ 大于 40kJ/mol 时，反应不能正向进行；当 $\Delta_r G_m^{\ominus}$ 小于 $-40$kJ/mol 时，反应能够正向进行；当 $\Delta_r G_m^{\ominus}$ 在 $-40$kJ/mol 到 40kJ/mol 之间时，需要控制反应条件来影响反应进行的方向。

（3）估算反应的有利温度

因为：
$$\Delta_r G_m^{\ominus}(298.15\text{K}) = \Delta_r H_m^{\ominus}(298.15\text{K}) - T\Delta_r S_m^{\ominus}(298.15\text{K})$$
若
$$\Delta_r G_m^{\ominus}(298.15\text{K}) = 0$$
则：
$$T = \frac{\Delta_r H_m^{\ominus}(298.15\text{K})}{\Delta_r S_m^{\ominus}(298.15\text{K})}$$

在实际应用中我们可以利用上面的公式来简单地估算反应的有利温度。

【例 6-2】　利用下列数据表，估算在 $p^{\ominus}$、298.15K 时反应

$$BaCO_3(s) \longrightarrow BaO(s) + CO_2(s)\text{的有利温度。}$$

| 热力学数据 | $BaCO_3(s)$ | $BaO(s)$ | $CO_2(g)$ |
|---|---|---|---|
| $\Delta_f H_m^{\ominus}(298.15\text{K})/(\text{kJ/mol})$ | $-1219$ | $-558$ | $-393$ |
| $S_m^{\ominus}(298.15\text{K})/(\text{J/mol})$ | 112.1 | 70.3 | 213.6 |

解：
$$\Delta_r H_m^{\ominus}(298.15\text{K}) = \sum \nu_B \Delta_f H_m^{\ominus}(298.15\text{K})$$
$$= [-393 + (-558) - (-1219)]\text{kJ/mol}$$
$$= 268\text{kJ/mol}$$
$$\Delta_r S_m^{\ominus}(298.15\text{K}) = \sum \nu_B \Delta_f S_m^{\ominus}(298.15\text{K})$$
$$= (213.6 + 70.3 - 112.1)\text{J/(K·mol)}$$
$$= 171.8\text{J/(K·mol)}$$

令 $\Delta_r G_m^{\ominus}(298.15\text{K}) = 0$

则：
$$T = \frac{\Delta_r H_m^{\ominus}(298.15\text{K})}{\Delta_r S_m^{\ominus}(298.15\text{K})} = \frac{268 \times 10^3}{171.8}\text{K} = 1560\text{K}$$

# 6.5　平衡常数的影响因素

化学平衡是指体系的诸性质不再随时间变化而变化。但是当条件改变时，体系的平衡也随之而变，在这个小节中，我们介绍温度、压力、惰性气体等因素对体系化学平衡的影响。

## 6.5.1　温度的影响

因为吉布斯-亥姆霍兹方程式为：$\left[\dfrac{\partial (\Delta G/T)}{\partial T}\right]_p = -\dfrac{\Delta H}{T^2}$

所以反应的标准摩尔吉布斯自由能变和标准摩尔焓变之间的关系式为：

$$\left[\frac{\partial(\Delta_r G_m^{\ominus}/T)}{\partial T}\right]_p = -\frac{\Delta_r H_m^{\ominus}}{T^2} \tag{6-14}$$

又因为

$$\Delta_r G_m^{\ominus} = -RT\ln K_p^{\ominus}$$

所以

$$\frac{d\ln K_p^{\ominus}}{dT} = \frac{\Delta_r H_m^{\ominus}}{RT^2} \tag{6-15}$$

对于吸热反应，$\Delta_r H_m^{\ominus} > 0$，式(6-15) 等号右边大于 0，所以升高温度 $K_p^{\ominus}$ 增大，即升高温度有利于吸热反应正向进行。

对于放热反应，$\Delta_r H_m^{\ominus} < 0$，式(6-15) 等号右边小于 0，所以降低温度 $K_p^{\ominus}$ 增大，即降低温度有利于放热反应正向进行。

### 6.5.2 压力的影响

由前面学过的知识可知，$K_p^{\ominus} = K_p (p^{\ominus})^{-\sum\limits_B \nu_B} = K_c \left(\frac{RT}{p^{\ominus}}\right)^{\sum\limits_B \nu_B} = K_x \left(\frac{p}{p^{\ominus}}\right)^{\sum\limits_B \nu_B}$

因为 $K_p^{\ominus}$ 仅仅为温度的函数，所以 $\sum\limits_B \nu_B > 0$ 时，减小压力，$K_x$ 增大。即减小压力有利于增体积反应正向进行。当 $\sum\limits_B \nu_B < 0$ 时，增加压力，$K_x$ 增大。即增加压力有利于减体积反应正向进行。若反应为凝聚态体系的反应，压力的影响可以忽略不计。

### 6.5.3 惰性气体的影响

由前面学过的知识可知，$K_p^{\ominus} = K_x \left(\frac{p}{p^{\ominus}}\right)^{\sum\limits_B \nu_B} = \Pi(n_B)^{\nu_B} \left(\frac{p}{p^{\ominus} \sum\limits_B n_B}\right)^{\sum\limits_B \nu_B}$

因为 $K_p^{\ominus}$ 仅仅为温度的函数，所以 $\sum\limits_B \nu_B > 0$ 时，增加惰性气体，$(n_B)^{\nu_B}$ 项增大，即增加惰性气体有利于增体积反应正向进行。$\sum\limits_B \nu_B < 0$ 时，增加惰性气体，$(n_B)^{\nu_B}$ 项减小，即增加惰性气体不利于减体积反应正向进行。

## 习　　题

1. 在 500℃、100kPa 时，$N_2$ 和 $H_2$ 以摩尔分数 1∶3 的比例混合，反应达平衡后生成 $NH_3$，在平衡体系中占 1.20%，若要平衡体系中 $NH_3$ 占 10.40%，总压应该为多少？

2. 在 457K、100kPa 时，二氧化氮分解反应如下：

$$2NO_2 \longrightarrow 2NO + O_2$$

在二氧化氮解离 5% 时，求反应的 $K_p$ 和 $K_c$。

3. 甲烷制备氢气的反应为：$CH_4(g) + H_2O(g) \Longrightarrow CO(g) + 3H_2(g)$，已知 1000K 时 $K^{\ominus} = 25.56$，若总压为 400kPa，反应前体系中存在甲烷和水蒸气，且摩尔比为 1∶1，求甲烷的转化率。

4. 已知反应：$CO_2(g) + H_2(g) \longrightarrow H_2O(g) + CO(g)$，$K_p^{\ominus}(1173K) = 1.22$。将含有 50% CO、25% $CO_2$、25% $H_2$ 的混合气体通入 1173K 的炉子中，总压为 200kPa，计算平衡气相的组成。

5. 1500K 时，含 10% CO、90% $CO_2$ 的气体混合物能否将 Ni 氧化成 NiO? 已知在此温度下：

$$Ni + \frac{1}{2}O_2 \longrightarrow NiO \qquad \Delta_r G_{m,1}^{\ominus} = -112.050 kJ/mol$$

$$C + \frac{1}{2}O_2 \longrightarrow CO \qquad \Delta_r G_{m,2}^{\ominus} = -242.150 kJ/mol$$

$$C + O_2 \longrightarrow CO_2 \qquad \Delta_r G_{m,3}^{\ominus} = -395.390 kJ/mol$$

6. 298.15K 时，求反应 $CO(g) + 2H_2(g) \longrightarrow CH_3OH(g)$ 的 $\Delta_r G_m^{\ominus}$ 和 $K_p^{\ominus}$。已知 298.15K 时甲醇的饱和蒸气压为 16.59kPa，摩尔蒸发焓 $\Delta_{vap} H_m = 38.0 kJ/mol$。其他热力学数据如下表所示：

| 热力学数据 | CO(g) | $H_2(g)$ | $CH_3OH(g)$ |
|---|---|---|---|
| $\Delta_r H_m^{\ominus}(298.15K)/(kJ/mol)$ | −110.52 | 0 | −200.7 |
| $S_m^{\ominus}(298.15K)/[J/(mol \cdot K)]$ | 197.67 | 130.68 | 127 |

7. 310.15K，pH = 7 时的延胡索酸盐可氧化为天冬氨酸盐，该反应的 $\Delta_r G_m^{\ominus} = -15.56 kJ/mol$。计算以下情况的延胡索酸盐的平衡转化率。

(1) 延胡索酸盐浓度和铵盐的浓度都为 1mol/L。

(2) 延胡索酸盐浓度和铵盐的浓度都为 1mol/L 和 10mol/L。

8. 反应 $NH_4Cl(s) \longrightarrow NH_3(g) + HCl(g)$ 的平衡常数在 250.15~400.15K 温度范围内为 $\ln K_p^{\ominus} = 37.32 - \frac{21020K}{T}$。计算在 300K 时，反应的 $\Delta_r G_m^{\ominus}$、$\Delta_r H_m^{\ominus}$、$\Delta_r S_m^{\ominus}$。

9. 已知 298.15K 时，$\Delta_f G_m^{\ominus}(KClO_3, s) = -289.91 kJ/mol$，$\Delta_f G_m^{\ominus}(KCl, s) = -408.32 kJ/mol$，计算在 298.15K 时，反应 $KCl(s) + \frac{3}{2}O_2(g) \longrightarrow KClO_3(s)$ 能正向进行所需的最小氧分压。

10. 水煤气反应为 $H_2(g) + CO_2(g) \longrightarrow CO(g) + H_2O(g)$，若最初混合物中 $H_2$ 为 5mol、$CO_2$ 为 2mol、CO 为 1mol，没有 $H_2O$，当 $CO_2$ 消耗一半时，求混合物中各气体的物质的量和平衡常数？

# 第7章
# 电 化 学

**重点内容提要:**
1. 掌握电解质溶液的基本概念和法拉第定律。
2. 掌握电解质溶液的电迁移现象。
3. 掌握电解质溶液的电导和离子独立移动定律。
4. 掌握电解质溶液理论。
5. 掌握原电池的基本概念。
6. 掌握可逆电池热力学。
7. 掌握电动势产生的机理。
8. 掌握可逆电池电动势的计算。
9. 了解不可逆电化学过程。

　　电化学是研究化学问题在电学领域应用及规律的科学,是物理化学很重要的一个分支,主要有三大方面的问题,一为电解质溶液,研究电解质溶液的通性和理论;二是可逆电池及电动势,研究可逆电化学问题;三是电解与极化,研究不可逆电化学问题。

　　电化学的研究在工业生产和理论研究中都有重要意义。如电化学合成、极谱分析、电泳、电位滴定、氯碱化工、电解工业、各种化学电源、金属防腐等均以电化学理论为基础。

## 7.1　电化学的基本概念和法拉第定律

### 7.1.1　电化学的基本概念

　　能导电的物体称为导体 (conductor),依据导电机理的不同,一般将导体分为两类:第一类导体称为金属导体 (electronic conductor),如金属和石墨等,它们具有如下特征:
　　① 依靠电子的定向迁移而导电;
　　② 导电过程中不发生化学反应;
　　③ 随温度升高导电能力降低。
　　第二类导体称为离子导体 (ionic conductor),如电解质溶液和熔融电解质,它们具有如下特征:

① 依靠离子的定向迁移而导电；

② 导电过程中发生化学反应；

③ 随温度升高导电能力增强。

电化学装置分为两大类：将化学能转变为电能的装置称为原电池；将电能转变为化学能的装置称为电解池。图 7-1 为原电池，图 7-2 为电解池。

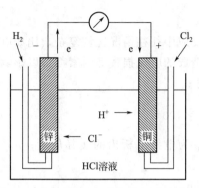 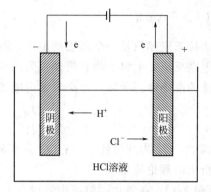

图 7-1　原电池　　　　　　　　　　　　　　图 7-2　电解池

我们把电极电势高的电极称为正极，把电极电势低的电极称为负极；在原电池中给电子的电极称为负极，得电子的电极称为正极；在电解池中和外接电源正极相接的称为正极，和外接电源负极相接的称为负极，即在电解池中得电子的电极称为负极，给电子的电极称为正极。在电化学中，我们把发生氧化反应的电极称为阳极；发生还原反应的电极称为阴极。

图 7-1 的原电池装置中，反应式如下：

负极：　　　　　　　　　$2Cl^- (aq) \longrightarrow Cl_2 (g) + 2e$

正极：　　　　　　　　　$2H^+ (aq) + 2e \longrightarrow H_2 (g)$

电池反应：　　　　　　　$2HCl (aq) \longrightarrow H_2 (g) + Cl_2 (g)$

图 7-2 的电解池装置中，反应式如下：

负极：　　　　　　　　　$2H^+ (aq) + 2e \longrightarrow H_2 (g)$

正极：　　　　　　　　　$2Cl^- (aq) \longrightarrow Cl_2 (g) + 2e$

电池反应：　　　　　　　$2HCl (aq) \longrightarrow H_2 (g) + Cl_2 (g)$

由此可见，在原电池中正极是阴极，负极是阳极；同理，在电解池中正极是阳极，负极是阴极。

## 7.1.2　法拉第定律

1833 年，法拉第（Faraday）通过大量的电化学实验，归纳出了法拉第定律，即①在电极界面上发生化学变化物质的量与通入的电量成正比；②通电于若干个电解池串联的线路中，当所取的基本粒子的荷电数相同时，在各个电极上发生反应的物质，其物质的量相同，析出物质的质量与其摩尔质量成正比。

对于电化学反应：　　　　　　　　$A^{z+} + ze \longrightarrow A$

法拉第定律表示为：　　　$Q = nzF$ 或 $Q = \dfrac{m_B}{M_B} zF$ 　　　　　　　　　　（7-1）

式中，$Q$ 表示通入的电量；$n$ 为发生反应的摩尔数；$F$ 为法拉第常数；$m_B$ 为 B 物质的质量；$M_B$ 为 B 物质的摩尔质量。

其中：$F=Le=(6.0221\times10^{23}\times1.6022\times10^{-19})$C/mol$=96484.09$C/mol（$L$ 为阿伏伽德罗常数；$e$ 为电子所带电荷）。

在解决实际问题时，为了解决问题方便，我们通常选取基本单元的荷电粒子。

比如：荷一价电，$\frac{1}{2}$H$_2$、$\frac{1}{4}$O$_2$、$\frac{1}{2}$Cu、$\frac{1}{2}$Cl$_2$、$\frac{1}{3}$Au 等；荷二价电，H$_2$、Cl$_2$、$\frac{1}{2}$O$_2$、Cu、$\frac{2}{3}$Au 等。

法拉第定律只是一个理想的定律，在真实的电解反应中往往情况比较复杂，比如电解反应发生副反应，电解产物有机械损失或反溶解，意外造成的电流损失等因素都可以影响法拉第定律的准确性，所以，有必要学习电流效率$\eta$的概念。

$$\eta=\frac{Q_1}{Q_2}\times100\%\text{ 或 }\eta=\frac{m_1}{m_2}\times100\% \tag{7-2}$$

式中，$Q_1$ 为理论耗电量；$Q_2$ 为实际耗电量；$m_1$ 为电极上析出的实际质量；$m_2$ 为电极上析出的理论质量。

**【例 7-1】** 在氯化铜溶液中通过 0.1A 的电流 10min。

(1) 能析出多少千克的铜和氯气？

(2) 若实际析出的铜为 $1.877\times10^{-5}$kg，求电流效率。

**解：**(1) $Q=It=(0.1\times600)$C$=60$C

因为：$Q=\frac{m_B}{M_B}zF$

所以：

$$m_B(\text{Cu})=\frac{M_B(\text{Cu})}{zF}\times Q=\left(\frac{63.5\times10^{-3}\text{kg}\cdot\text{mol}^{-1}}{2\times96500\text{C}\cdot\text{mol}^{-1}}\times60\right)\text{C}=1.974\times10^{-5}\text{kg}$$

$$m_B(\text{Cl}_2)=\frac{M_B(\text{Cl}_2)}{zF}\times Q=\left(\frac{70.92\times10^{-3}\text{kg}\cdot\text{mol}^{-1}}{2\times96500\text{C}\cdot\text{mol}^{-1}}\times60\right)\text{C}=2.205\times10^{-5}\text{kg}$$

(2) $\eta=\dfrac{1.877\times10^{-5}\text{kg}}{1.974\times10^{-5}\text{kg}}\times100\%=95.1\%$

**【例 7-2】** 通电于 Au(NO$_3$) 溶液，电流强度 $I=0.025$A，析出 Au(s)$=1.20$g，已知 M(Au)$=197.0$g/mol，求：

(1) 通入的电量 $Q$。

(2) 通入的时间 $t$。

(3) 阴极上放出氧气的物质的量。

**解：**取荷一价电基本粒子，$\frac{1}{3}$Au，$\frac{1}{4}$O$_2$

$$Q=nzF=\frac{1.20\text{g}}{\frac{1}{3}\times197.0\text{g}\cdot\text{mol}^{-1}}\times1\times96500\text{C}\cdot\text{mol}^{-1}=1763\text{C}$$

$$t=\frac{Q}{I}=\frac{1763}{0.025}\text{s}=7.05\times10^4\text{s}$$

$$n(\text{O}_2)=\frac{1}{4}\times n\left(\frac{1}{3}\text{Au}\right)=\frac{1}{4}\times\frac{1.20\text{g}}{\frac{1}{3}\times197.0\text{g}\cdot\text{mol}^{-1}}=4.57\times10^{-3}\text{mol}$$

# 7.2 离子的电迁移及迁移数

## 7.2.1 离子的电迁移现象

通电于电解质溶液，离子在外加电场作用下会定向迁移，并在电极上发生氧化还原反应，从而完成整个的导电过程，离子迁移方向如下：

$$正离子 \longrightarrow 阴极$$
$$负离子 \longrightarrow 阳极$$

我们将离子在外加电场作用下的定向移动称为离子的电迁移。离子传递电量的能力和它的迁移速率与本身所荷电量有关，并且遵循以下规则：

① 通过溶液的总电量 $Q$ 等于正离子迁移的电量 $Q_+$ 和负离子迁移的电量 $Q_-$ 之和；

② 若正负离子所荷电量相同，则阳极区减少的质量与阴极区减少的质量之比等于正离子迁移的电量与负离子迁移的电量之比，也等于正离子迁移速率与负离子迁移速率之比。

## 7.2.2 迁移数

在外加电场作用下，不同离子的迁移速率不同，迁移速率受很多因素的制约，大体上分为两大类因素，即

① 离子本性、溶剂温度、溶剂特性、溶剂浓度等因素，在实际问题中，我们很难分清楚每一个因素的具体贡献值，所以把这些因素作为一个整体考虑，用离电迁移率（离子淌度）$U$ 表示，单位为 $m^2/(V \cdot s)$。

② 电场的电位梯度 $\dfrac{dE}{dl}$（$E$：外加电场电动势，$l$：电极板之间的距离），当其他因素的影响固定时，$\dfrac{dE}{dl}$ 越大，离子迁移速率越快；$\dfrac{dE}{dl}$ 越小，离子迁移速率越慢。

用公式表示为：

$$\nu_+ = U_+ \frac{dE}{dl} \tag{7-3}$$

$$\nu_- = U_- \frac{dE}{dl} \tag{7-4}$$

一些常见离子的电迁移率如表7-1、表7-2所示。

**表 7-1　25℃正离子无限稀释时的电迁移率**

| 正离子 | $H^+$ | $Na^+$ | $Li^+$ | $K^+$ | $Ag^+$ | $Ca^{2+}$ | $Cu^{2+}$ |
|---|---|---|---|---|---|---|---|
| $U_+^{\infty} \times 10^8/[m^2/(V \cdot s)]$ | 36.3 | 5.19 | 4.01 | 7.62 | 6.42 | 6.17 | 5.60 |

**表 7-2　25℃负离子无限稀释时的电迁移率**

| 负离子 | $OH^-$ | $F^-$ | $Cl^-$ | $Br^-$ | $NO_3^-$ | $SO_4^{2-}$ | $HCO_3^-$ |
|---|---|---|---|---|---|---|---|
| $U_-^{\infty} \times 10^8/[m^2/(V \cdot s)]$ | 20.55 | 5.74 | 7.92 | 8.09 | 7.40 | 8.27 | 4.61 |

在电解质溶液中，离子 B 传递的电量和通过溶液的总电量之比，称为 B 种离子的电迁移数，记作 $t_B$。

$$t_B = \frac{Q_B}{Q} \tag{7-5}$$

所以：
$$t_+ = \frac{Q_+}{Q} \tag{7-6}$$

$$t_- = \frac{Q_-}{Q} \tag{7-7}$$

我们用图 7-3 来推导迁移数和离子电迁移率之间的关系。

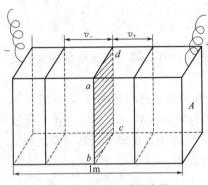

图 7-3 离子运动示意图

设相距为 1m、面积为 $A$ 的两个平行惰性电极，左为负极，右为正极，外加电压为 $E$。在电极间充以浓度为 $c$（mol/m³）的电解质溶液 $A_xB_y$，解离度为 $\alpha$。

$$A_xB_y \longrightarrow xA^{z+} + yB^{z-}$$
$$c(1-\alpha) \qquad cx\alpha \qquad cy\alpha$$

设正、负离子的迁移速率为 $r_+$、$r_-$，则单位时间内通过截面 $abcd$ 的电量为：

$$Q_+ = cx\alpha Ar_+ z_+ F$$
$$Q_- = cx\alpha Ar_- z_- F$$

因为：
$$xz_+ = yz_-$$

所以：
$$Q = Q_+ + Q_-$$
$$= cx\alpha z_+ A\,(r_+ + r_-)\,F$$
$$= cx\alpha z_- A\,(r_+ + r_-)\,F$$

所以：
$$t_+ = \frac{Q_+}{Q} = \frac{cx\alpha z_+ Ar_+ F}{cx\alpha z_+ A(r_+ + r_-)F} = \frac{r_+}{r_+ + r_-} = \frac{U_+}{U_+ + U_-} \tag{7-8}$$

$$t_- = \frac{Q_-}{Q} = \frac{cx\alpha z_- Ar_- F}{cx\alpha z_- A(r_+ + r_-)F} = \frac{r_-}{r_+ + r_-} = \frac{U_-}{U_+ + U_-} \tag{7-9}$$

部分正离子在 25℃ 时水溶液中的迁移数见表 7-3。

表 7-3    部分正离子在 25℃ 时水溶液中的迁移数

| 浓度/(mol/dm³) | 0.01 | 0.05 | 0.1 | 0.2 |
|---|---|---|---|---|
| HCl | 0.8251 | 0.8292 | 0.8314 | 0.8337 |
| NaCl | 0.3918 | 0.3876 | 0.3854 | 0.3821 |
| KCl | 0.4902 | 0.4899 | 0.4898 | 0.4894 |
| KNO₃ | 0.5084 | 0.5093 | 0.5103 | 0.5120 |

离子迁移数的测定一般有 3 种方法，即希托夫法、界面移动法和电动势法。

希托夫法测量装置见图 7-4。

【例 7-3】    用铜电极电解 $CuSO_4$ 溶液，通电一段时间后，测得银库仑计中析 $0.0405gAg$，并测得阴极区溶液重 36.434g，通电前含 $CuSO_4$ 1.1276g，通电后含 $CuSO_4$ 1.109g，计算 $CuSO_4$ 溶液中 $Cu^{2+}$ 和 $SO_4^{2-}$ 的迁移数。

**解：** 以 $\frac{1}{2}Cu^{2+}$ 为基本粒子

则 $M\left(\frac{1}{2}CuSO_4\right) = 79.75g/mol$

$$n(\text{电}) = \frac{0.0405}{107.88} \text{mol} = 3.754 \times 10^{-4} \text{mol}$$

$$n(\text{始}) = \frac{1.1276}{79.75} \text{mol} = 1.4139 \times 10^{-2} \text{mol}$$

$$n(\text{终}) = \frac{1.109}{79.75} \text{mol} = 1.3906 \times 10^{-2} \text{mol}$$

阴极电极反应为: $\frac{1}{2}Cu^{2+} + e \longrightarrow \frac{1}{2}Cu$

所以 $n(\text{终}) = n(\text{始}) + n(\text{迁}) - n(\text{电})$

$n(\text{迁}) = 1.424 \times 10^{-4} \text{mol}$

$t_{Cu^{2+}} = n(\text{迁})/n(\text{电}) = 0.38$

因为: $t_+ + t_- = 1$

所以: $t_{SO_4^{2-}} = 0.62$

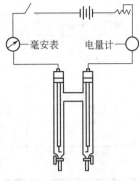

图 7-4  希托夫法测量装置

# 7.3  电解质溶液的电导、电导率、摩尔电导率

## 7.3.1  电导和电导率

导体导电能力的大小用电导 $G$ 表示,电导为电阻的倒数,单位为 S 或 $\Omega^{-1}$。

$$G = \frac{1}{R} \tag{7-10}$$

电导率 $\kappa$ 表示单位体积(1$m^3$)的电解质溶液的电导值,电导率为电阻率的倒数,单位是 $\Omega^{-1}/m$ 或 $S/m$。

$$\kappa = \frac{1}{\rho} \tag{7-11}$$

除了要掌握以上两个公式,以下关系式的互相换算也是十分有用的。

$$R = \rho \frac{l}{A}$$

$$G = \kappa \frac{A}{l}$$

上式中 $\frac{l}{A}$ 表示电导池长度与池横截面积之比,称为电导池常数。

## 7.3.2  摩尔电导率

在相距为 1m 的两个平行电导电极之间,放置含有 1mol 电解质的溶液,这时溶液所具有的电导称为摩尔电导率 $\Lambda_m$,单位为 $\Omega^{-1} \cdot m^2/mol$ 或 $S \cdot m^2/mol$。

$$\Lambda_m = \frac{\kappa}{c} \tag{7-12}$$

部分电解质溶液的电导率 $\kappa$ 和摩尔电导率 $\Lambda_m$ 数值如表 7-4 和表 7-5 所示。

【例 7-4】已知 25℃时 0.005mol/$dm^3$ KCl 溶液的电导率为 0.2768S/m,在电导池中充以该溶液,25℃时电阻为 453$\Omega$,在同一个电导池中充以相同体积的浓度为 0.005mol/$dm^3$ 的 $CaCl_2$ 溶液,25℃时电阻为 1050$\Omega$,计算:

表 7-4　25℃ 时的电导率 κ

| 浓度 $c/(mol/L)$ | NaCl | KCl | NaAc | HAc |
|---|---|---|---|---|
| 0.002 | 0.012374 | 0.014695 | 0.00885 | 0.00492 |
| 0.005 | 0.060325 | 0.071775 | 0.04286 | 0.01145 |
| 0.01 | 0.1185 | 0.14127 | 0.08376 | 0.01625 |
| 0.05 | 0.5553 | 0.66685 | 0.3846 | 0.0368 |
| 0.1 | 1.0674 | 1.2896 | 0.7280 | 0.0520 |
| 0.5 | 4.665 | 5.860 | 2.93 | — |
| 1 | — | 11.70 | 4.91 | — |

表 7-5　25℃ 时的摩尔电导率 $\Lambda_m$

| 浓度 $c/(mol/L)$ | NaCl | KCl | NaAc | HAc |
|---|---|---|---|---|
| 0.002 | 0.012374 | 0.014695 | 0.00885 | 0.0492 |
| 0.005 | 0.012065 | 0.014355 | 0.008572 | 0.00229 |
| 0.01 | 0.011851 | 0.014355 | 0.008376 | 0.001625 |
| 0.05 | 0.011106 | 0.013337 | 0.007692 | 0.000736 |
| 0.1 | 0.010674 | 0.012896 | 0.007280 | 0.000520 |
| 0.5 | 0.00933 | 0.01172 | 0.00586 | — |
| 1 | — | 0.01117 | 0.00491 | — |

（1）电导池常数。

（2）$CaCl_2$ 溶液的电导率。

（3）$CaCl_2$ 溶液的摩尔电导率。

**解：**

（1）因为：$\kappa=\dfrac{1}{\rho}$，$R=\rho\dfrac{l}{A}$

所以：$\dfrac{l}{A}=\dfrac{R}{\rho}=R\kappa=(0.2768\times453)\,\mathrm{m}^{-1}=125.4\,\mathrm{m}^{-1}$

（2）$CaCl_2$ 溶液的电导率

$$\kappa=\frac{1}{\rho}=\frac{1}{R}\times\frac{l}{A}=\left(\frac{1}{1050}\times125.4\right)\mathrm{S/m}=0.1194\,\mathrm{S/m}$$

（3）$CaCl_2$ 溶液的摩尔电导率

$$\Lambda_m=\frac{\kappa}{c}=\frac{0.1194}{0.005\times10^3}\mathrm{S\cdot m^2/mol}=0.02388\,\mathrm{S\cdot m^2/mol}$$

## 7.3.3　电导率、摩尔电导率与浓度的关系

影响电解质溶液的电导率和摩尔电导率的因素很多，如温度、浓度、电解质溶液的种类等。其中电解质溶液浓度的影响最为明显，一般情况下，强电解质的电导率随浓度变化而变化的趋势明显；弱电解质的电导率随浓度变化而变化的趋势不明显。强电解质的摩尔电导率随浓度变化而变化的趋势不明显；弱电解质的摩尔电导率随浓度变化而变化的趋势明显。

决定电解质溶液导电能力的因素很多，其中有两个因素最为重要，一是导电离子的数量；二是导电离子的自由程度。

从图 7-5 可见，电导率随浓度的增大先增大后减少。溶液浓度增大，表示在单位时间通过单位截面上的离子数量增多，导电能力增强，所以电导率增大。当浓度达到一定的数值，继续增大浓度，单位体积内的离子数量大增，离子间的相互作用也增强，离子的自由程度降

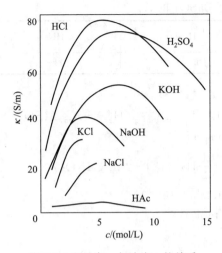

图 7-5　电导率 $\kappa$ 与浓度 $c$ 的关系

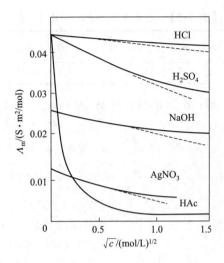

图 7-6　摩尔电导率 $\Lambda_m$ 与浓度 $\sqrt{c}$ 的关系

低，必然导致离子迁移速率下降，单位时间通过单位截面的离子个数减少，溶液的导电能力下降，电导率反而下降。

从图 7-6 可见，摩尔电导率随浓度的增大而减小。研究摩尔电导率时，离子数量为 1mol，溶液浓度增大，表示离子活动的空间变小，离子间的相互作用也增强，离子的自由程度降低，必然导致离子迁移速率下降，所以摩尔电导率降低。

德国科学家科尔劳乌施（Kohlrausch）对大量的实验结果进行分析，发现在极稀溶液中，强电解质的摩尔电导率与其浓度的平方根呈线性关系，即

$$\Lambda_m = \Lambda_m^\infty (1 - \beta\sqrt{c})  \tag{7-13}$$

式中，$\Lambda_m^\infty$ 为无限稀释溶液的摩尔电导率；$\beta$ 为与溶剂、溶质、温度有关的常数。

## 7.3.4　离子独立移动定律

科尔劳乌施（Kohlrausch）对大量的实验数据进行研究和分析，发现了一个规律：在无限稀释溶液中，每种离子都是独立移动的，不受其他离子影响，电解质的无限稀释摩尔电导率可认为是两种离子无限稀释摩尔电导率之和：

$$\Lambda_m^\infty = \Lambda_{m,+}^\infty + \Lambda_{m,-}^\infty  \tag{7-14}$$

常见无限稀释水溶液中的摩尔电导率（298.15K）见表 7-6。

表 7-6　常见无限稀释水溶液中的摩尔电导率（298.15K）

| 正离子 | $\Lambda_{m,+}^\infty (\times10^4 S\cdot m^2/mol)$ | 负离子 | $\Lambda_{m,-}^\infty (\times10^4 S\cdot m^2/mol)$ |
|---|---|---|---|
| $H^+$ | 349.8 | $OH^-$ | 198 |
| $K^+$ | 73.52 | $Br^-$ | 78.4 |
| $NH_4^+$ | 73.4 | $Cl^-$ | 76.3 |
| $Ag^+$ | 61.9 | $NO_3^-$ | 71.44 |
| $Na^+$ | 50.11 | $CH_3COO^-$ | 40.9 |
| $Mg^{2+}$ | 106.0 | $C_6H_5COO^-$ | 32.4 |
| $Sr^{2+}$ | 118.9 | $[Fe(CN)_6]^{3-}$ | 302.7 |
| $Al^{3+}$ | 183.0 | $CO_3^{2-}$ | 163.0 |
| $Fe^{3+}$ | 204.0 | $SO_4^{2-}$ | 159.6 |
| $Zn^{2+}$ | 105.6 | $C_2O_4^{2-}$ | 148.2 |
| $La^{3+}$ | 209.1 | $PO_4^{3-}$ | 207.0 |

【例 7-5】 298.15K 时，利用下列数据表，计算 $BaSO_4$ 的 $\Lambda_m^\infty$。

| 物质 | $\frac{1}{2}Ba(NO_3)_2$ | $\frac{1}{2}H_2SO_4$ | $HNO_3$ |
|---|---|---|---|
| $\Lambda_m^\infty(S \cdot m^2/mol)$ | $1.351 \times 10^{-2}$ | $4.295 \times 10^{-2}$ | $4.211 \times 10^{-2}$ |

解：
$$\Lambda_m^\infty(BaSO_4) = \Lambda_{m,+}^\infty(Ba^{2+}) + \Lambda_{m,-}^\infty(SO_4^{2-})$$
$$= [\Lambda_{m,+}^\infty(Ba^{2+}) + 2\Lambda_{m,-}^\infty(NO_3^-)] + [2\Lambda_{m,+}^\infty(H^+) + \Lambda_{m,-}^\infty(SO_4^{2-})]$$
$$- 2[\Lambda_{m,+}^\infty(H^+) + \Lambda_{m,+}^\infty(NO_3^-)]$$
$$= 2\Lambda_m^\infty\left[\frac{1}{2}Ba(NO_3)_2\right] + 2\Lambda_m^\infty\left(\frac{1}{2}H_2SO_4\right) - 2\Lambda_m^\infty(HNO_3)$$
$$= [2 \times (1.351 \times 10^{-2}) + 2 \times (4.295 \times 10^{-2}) -$$
$$2 \times (4.211 \times 10^{-2})]S \cdot m^2/mol$$
$$= 2.87 \times 10^{-2} S \cdot m^2/mol$$

# 7.4 强电解质溶液理论

## 7.4.1 强电解质溶液的平均活度和离子强度

非电解质溶液中组分 B 的化学势可用 $\mu_B = \mu_B^\ominus + RT\ln\frac{m_B}{m^\ominus}$ 表示，在这个表示式中，$m_B$ 的含义是清楚的，就表示溶质的质量摩尔浓度。在电解质溶液中，溶液中含正、负离子，溶液是电中性的，用哪种微粒来表示溶液的浓度呢？我们需要考虑三个问题：一是电解质溶液和非电解质溶液相比，微粒间作用力不同，非电解质溶液微粒间是范德华力，电解质溶液离子间是库仑力；二是电解质溶液中溶质是离子，选择哪种离子来代表溶液的浓度；三是怎样兼顾离子间的相互影响。

路易斯（Lewis）引入了活度的概念，解决了范德华力和库仑力的偏差问题。

定义： 活度 $a_i = \gamma_i \dfrac{m_i}{m^\ominus}$ (7-15)

上式中 $\gamma_i$ 称为活度因子。

所以，实际溶液化学式可以表示为：$\mu_B = \mu_B^\ominus + RT\ln a_i$。

但是，我们仍然面临一个问题，即 $a_i$ 在电解质溶液中表示什么？我们用下面的推导来解答这个问题。

$$A_{\nu_+}B_{\nu_-} \longrightarrow \nu_+ A^{z+} + \nu_- B^{z-}$$

因为
$$\mu_i = \mu_i^\ominus + RT\ln a_i$$
$$\mu_i = \mu_+ + \mu_-$$
$$\mu_+ = \mu_+^\ominus + \nu_+ RT\ln a_+$$
$$\mu_- = \mu_-^\ominus + \nu_+ RT\ln a_-$$

所以
$$a_i = a_+^{\nu_+} a_-^{\nu_-}$$ (7-16)

式(7-16) 在理论上虽然是正确的，但在实际中却没有太大的意义。因为电解质溶液都是电中性的，我们没有办法单独测定正、负离子的活度，所以做了如下定义：

$$a_\pm = (a_+^{\nu_+} a_-^{\nu_-})^{\frac{1}{\nu}}$$ (7-17)

$$\gamma_{\pm} = (\gamma_+^{\nu_+} \gamma_-^{\nu_-})^{\frac{1}{\nu}} \qquad\qquad (7\text{-}18)$$

$$m_{\pm} = (m_+^{\nu_+} m_-^{\nu_-})^{\frac{1}{\nu}} \qquad\qquad (7\text{-}19)$$

$$a_{\pm} = \gamma_{\pm} \times \frac{m_{\pm}}{m^{\ominus}} \qquad\qquad (7\text{-}20)$$

式中，$a_{\pm}$ 为平均活度；$\gamma_{\pm}$ 为平均活度系数；$m_{\pm}$ 为平均质量摩尔浓度；$\nu = \nu_+ + \nu_-$。

把式(7-16) 和式(7-17) 结合，还可以得到一个有用的关系式：

$$a_i = a_{\pm}^{\nu} \qquad\qquad (7\text{-}21)$$

一些电解质溶液的平均活度系数 $\gamma_{\pm}$ 如表 7-7 所示。

表 7-7  298.15K 时电解质水溶液的平均活度系数 $\gamma_{\pm}$

| $m_B/(\text{mol/kg})$ | 0.001 | 0.005 | 0.01 | 0.05 | 0.10 | 0.50 | 1.0 |
|---|---|---|---|---|---|---|---|
| HCl | 0.965 | 0.928 | 0.904 | 0.830 | 0.796 | 0.757 | 0.809 |
| NaCl | 0.966 | 0.929 | 0.904 | 0.823 | 0.778 | 0.682 | 0.658 |
| KCl | 0.965 | 0.927 | 0.901 | 0.815 | 0.769 | 0.650 | 0.605 |
| HNO$_3$ | 0.965 | 0.927 | 0.902 | 0.823 | 0.785 | 0.715 | 0.720 |
| NaOH | — | — | 0.899 | 0.818 | 0.766 | 0.693 | 0.679 |
| CaCl$_2$ | 0.887 | 0.783 | 0.724 | 0.574 | 0.518 | 0.448 | 0.500 |
| K$_2$SO$_4$ | — | 0.781 | 0.715 | 0.529 | 0.441 | 0.262 | 0.210 |
| H$_2$SO$_4$ | 0.830 | 0.639 | 0.544 | 0.340 | 0.265 | 0.154 | 0.130 |
| CdCl$_2$ | 0.819 | 0.623 | 0.524 | 0.304 | 0.228 | 0.100 | 0.066 |
| BaCl$_2$ | — | 0.781 | 0.725 | 0.556 | 0.496 | 0.396 | 0.399 |
| CuSO$_4$ | — | 0.560 | 0.444 | 0.230 | 0.164 | 0.066 | 0.044 |
| ZnSO$_4$ | 0.734 | 0.477 | 0.387 | 0.202 | 0.148 | 0.063 | 0.043 |

【例 7-6】 已知 $m_B = 0.01\text{mol/kg}$ 的 K$_2$SO$_4$ 溶液中，离子的平均活度系数 $\gamma_{\pm} = 0.715$，求离子的平均活度及 K$_2$SO$_4$ 的活度。

解：因为 
$$K_2SO_4 \longrightarrow 2K^+ + SO_4^{2-}$$

所以

$$\begin{aligned}
m_{\pm} &= (m_+^2 m_-)^{\frac{1}{3}} \\
&= [(2m_B)^2 \cdot m_B]^{\frac{1}{3}} \\
&= \sqrt[3]{4}\, m_B \\
&= (\sqrt[3]{4} \times 0.01)\,\text{mol/kg} \\
&= 1.59 \times 10^{-2}\,\text{mol/kg}
\end{aligned}$$

$$a_{\pm} = \gamma_{\pm} \cdot \frac{m_{\pm}}{m^{\ominus}} = \frac{0.715 \times 1.59 \times 10^{-2}}{1} = 0.0114$$

$$a_B = a_{\pm}^{\nu} = (0.0114)^3 = 1.48 \times 10^{-6}$$

对于单一的电解质溶液，平均活度可以解决溶液的浓度的问题，但是对于混合电解质溶液，平均活度的概念就无能为力了。路易斯（Lewis）和仑道尔（Randall）通过大量的实验研究，发现影响电解质溶液的主要因素有两个，一为溶液浓度；二为离子电荷数。在这两个因素中，离子电荷数的影响尤为显著。所以定义了离子强度的概念。

$$I = \frac{1}{2} \sum_B m_B z_B^2 \qquad\qquad (7\text{-}22)$$

【例 7-7】 电解质溶液中 KCl 的浓度为 $0.1\text{mol/kg}$，CaCl$_2$ 浓度为 $0.2\text{mol/kg}$，求溶液

的离子强度 $I$。

**解：**
$$I = \frac{1}{2} \sum_B m_B z_B^2$$
$$= \frac{1}{2} \times \left[ 0.1 \times 1^2 + 0.2 \times 2^2 + 0.5 \times (-1)^2 \right] \text{ mol/kg}$$
$$= 0.7 \text{mol/kg}$$

### 7.4.2 德拜-休克尔离子互吸理论

强电解质溶液是完全电离的，但是实验数据却不支持这一结果，电解质溶液表现出的行为和理想溶液有一定的偏差。1923 年，德拜（Debye）和休克尔（Hückel）提出了强电解质溶液理论，它的两个基本假设如下：

① 强电解质在低浓度时完全电离；

② 强电解质溶液和理想溶液的偏差是由库仑力引起的。

在这两个假设的基础上，分析了离子间库仑力和热运动的关系，提出了离子氛的概念，

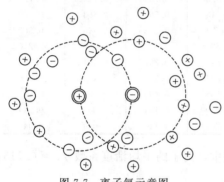

图 7-7　离子氛示意图

并对离子氛模型进行了数学处理，得到了著名的德拜-休克尔极限公式，可以对电解质溶液的 $\gamma_\pm$ 进行计算。

强电解质溶液中，离子存在两种过程：第一，由于库仑力的作用，同电相斥，异电相吸，离子倾向于有序的分布，即在正离子周围负离子数量较多，负离子周围正离子数量较多。从统计结果来看，每一个中心离子周围反号离子居多，并形成一个球形对称，称为离子氛。电解质溶液中离子氛无处不在，是互相交叉的，每一个离子氛的中心离子

又都是其他离子氛的提供者。第二，由于离子的热运动又试图使离子无序地分布在溶液中，所以离子氛不是静止而是运动的，离子氛是不断地消失和生成的，但从统计的意义讲，离子氛的影响是一直存在的。离子氛示意见图 7-7。

基于以上离子氛模型，德拜（Debye）和休克尔（Hückel）推导出了单个离子的活度系数和离子强度的关系。

$$\lg \gamma_B = -A z_B^2 \sqrt{I} \tag{7-23}$$

由于溶液是电中性的，正、负离子同时存在，单个离子的活度系数无法测量，所以用平均活度系数更有实际意义，公式(7-23) 做了如下修正：

$$\lg \gamma_\pm = -A |z_+ z_-| \sqrt{I} \tag{7-24}$$

式(7-24) 称为德拜-休克尔极限公式，$A$ 为与温度、溶剂相关的常数，在 298.15K 时，数值为 $0.509 \text{mol}^{-\frac{1}{2}} \cdot \text{kg}^{\frac{1}{2}}$，$z_+$、$z_-$ 为正负离子的电荷数。

对于离子半径较大，不能作为点电荷处理的体系，德拜-休克尔极限定律公式修正为：

$$\lg \gamma_\pm = \frac{-A |z_+ z_-| \sqrt{I}}{1 + aB \sqrt{I}} \tag{7-25}$$

式中，$a$ 为离子的有效直径，约为 $3.5 \times 10^{-10}$ m；$B$ 为与温度、溶剂有关的常数，在 298.15K 水溶液中为 $0.33 \times 10^{10}$ $(\text{mol}^{-1} \cdot \text{kg})^{\frac{1}{2}}$/m。

**【例 7-8】** 计算 298.15K 时 0.002mol/kg $Na_2SO_4$ 和 0.002mol/kg $ZnCl_2$ 溶液中 $ZnCl_2$ 的离子平均活度系数 $\gamma_\pm$。

**解：** $I = \dfrac{1}{2} \sum_B m_B z_B^2$

$$= \frac{1}{2} \times [2 \times 0.002 \times 1^2 + 0.002 \times 2^2 + 0.002 \times 2^2 + 2 \times 0.002 \times (-1)^2] \text{mol/kg}$$

$$= 0.012 \text{mol/kg}$$

$$\lg \gamma_\pm = -A |z_+ z_-| \sqrt{I}$$

$$= -0.509 \times |2 \times (-1) \times \sqrt{0.012}| = -0.1115$$

$$\gamma_\pm = 0.774$$

# 7.5 可逆电池

原电池是将化学能转化为电能的装置，如果这种能量转化的方式是以可逆的方式进行，就称为可逆电池。可逆电池应该具备两个条件：

① 电池反应是可逆的，也就是说其充当原电池和电解池时发生的电池反应是可逆的。

② 通过电池的电流无限小，满足了这个条件就没有能量损耗，可达到热力学上的能量可逆。

我们在热力学中学过一个公式，在等温条件下，一个封闭体系所做的最大非体积功等于其吉布斯自由能的减少，即 $(\Delta_r G_m)_{T,p} = -W_f$。在电化学中这个公式被赋予了新的含义，在可逆电池中，最大的非体积功就是电功，所以 $(\Delta_r G_m)_{T,p} = -zEF$，这个公式也被称为联系热力学和电化学的桥梁公式。

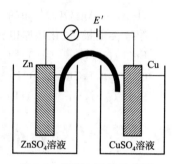

图 7-8 锌铜电池的示意图

原电池由两个电极连接而成，图 7-8 是锌铜电池的示意图。

为了把电池示意图用简明方式书写出来，电池的书写符号做了如下规定：

① 负极在左，正极在右。

② "|" 表示不同相之间的界面；"‖" 表示盐桥。

③ 气体或同种金属的带有不同电荷的离子作电极时，必须附以惰性金属（如铂或石墨等）作导体。

④ 电池中的各种物质需注明物态和温度；溶液要注明活度或浓度；对气体要注明压力。如不写明温度和压力，则默认为 298.15K 和 $p^\ominus$。

按照以上规则，图 7-8 锌铜电池可以表示为：

$Zn(s) | ZnSO_4(a_1) \| CuSO_4(a_2) | Cu(s)$。

其充当原电池时电极反应和电池反应如下：

负极：$Zn \longrightarrow Zn^{2+} + 2e$

正极：$Cu^{2+} + 2e \longrightarrow Cu$

电池反应：$Zn + Cu^{2+} \longrightarrow Zn^{2+} + Cu$

其充当电解池时的电极反应和电池反应如下：

负极：$Zn^{2+} + 2e \longrightarrow Zn$

正极：$Cu \longrightarrow Cu^{2+} + 2e$

电池反应：$Zn^{2+}+Cu \longrightarrow Zn+Cu^{2+}$

原电池中的电极分为三种类型。

第一类电极：一般由金属放到含金属离子的溶液中组成，也包括气体电极和汞齐电极。常见的第一类电极及其电极反应如下：

$M^{z+}(a) | M(s)$      $M^{z+}(a)+ze \longrightarrow M(s)$

$H^{+}(a) | H_2(p),Pt$      $H^{+}(a)+2e \longrightarrow H_2(p)$

$OH^{-}(a) | H_2(p),Pt$      $2H_2O+2e \longrightarrow H_2(p)+2OH^{-}(a)$

$H^{+}(a) | O_2(p),Pt$      $O_2(p)+4H^{+}(a)+4e \longrightarrow 2H_2O$

$OH^{-}(a) | O_2(p),Pt$      $O_2(p)+2H_2O+4e \longrightarrow 4OH^{-}(a)$

$Cl^{-}(a) | Cl_2(p),Pt$      $Cl_2(p)+2e \longrightarrow 2Cl^{-}(a)$

$K^{+}(a_1) | K(Hg)_n(a_2)$      $K^{+}(a_1)+nHg+e \longrightarrow K(Hg)_n(a_2)$

第二类电极：一般由在金属表面覆盖一层该金属难溶盐并放在含该难溶盐阴离子的溶液中组成，也包括金属-氧化物电极。常见的第二类电极及其电极反应如下：

$Cl^{-}(a) | AgCl(s) | Ag(s)$      $AgCl(s)+e \longrightarrow Ag(s)+Cl^{-}(a)$

$OH^{-}(a) | Ag_2O(s) | Ag(s)$      $Ag_2O(s)+H_2O+2e \longrightarrow 2Ag(s)+2OH^{-}(a)$

$H^{+}(a) | Ag_2O(s) | Ag(s)$      $Ag_2O(s)+2H^{+}(a)+2e \longrightarrow 2Ag(s)+H_2O$

第三类电极：氧化还原电极。常见的第三类电极及电极反应如下：

$Fe^{3+}(a_1),Fe^{2+}(a_2) | Pt$      $Fe^{3+}(a_1)+e \longrightarrow Fe^{2+}(a_2)$

$Cu^{2+}(a_1),Cu^{+}(a_2) | Pt$      $Cu^{2+}(a_1)+e \longrightarrow Cu^{+}(a_2)$

$Sn^{4+}(a_1),Sn^{2+}(a_2) | Pt$      $Sn^{4+}(a_1)+2e \longrightarrow Sn^{2+}(a_2)$

# 7.6 电极电势和电池电动势

## 7.6.1 电动势产生的机理

由正负极两个半电池组成的原电池在各个界面上均可以产生电势，比如：

$$Cu'(s) | Zn(s) | ZnSO_4(a_1) | CuSO_4(a_2) | Cu(s)$$

在导线 $Cu'$ 和电极 Zn 之间产生接触电势 $\varepsilon_1$；$ZnSO_4$ 溶液和 $CuSO_4$ 溶液之间产生液体接界电势 $\varepsilon_2$；Zn 和 $ZnSO_4$ 溶液的界面间产生负极界面电势 $\varepsilon_-$；Cu 和 $CuSO_4$ 溶液的界面间产生正极界面电势 $\varepsilon_+$。

则电池电动势 $E$ 可用以下形式表示：

$$E=\varepsilon_1+\varepsilon_2+\varepsilon_-+\varepsilon_+$$

金属由金属离子和自由电子组成，把金属电极插入溶液中，由于水的极性很大和金属表面的凸凹不平，金属电极在溶液中发生两种作用，一是离子都是溶剂化的，一部分金属离子有可能脱离金属表面而进入溶液，使金属表面带负电，溶液带正电。由于库仑力作用，在金属表面和溶液的界面附近排布一层正电荷。同时离子又有扩散运动，这种作用又趋使离子远离电极表面，向溶液本体扩散。二是由于金属表面凸凹不平而有大量的剩余力，从而吸附金属离子，使金属表面带正电，溶液带负电。最后库仑力和热扩散两种作用在溶液中最后趋于平衡，在金属-溶液界面上形成由紧密层和扩散层组成的双电层结构，如图7-9所示。紧密层厚度约为 $10^{-10}$ m，扩散层厚度约为 $10^{-10} \sim 10^{-6}$ m。

双电层的存在，阻止了金属离子进一步向溶液中的溶入或向电极表面的沉积，后达成平衡，形成界面电势差，也就是我们俗称的电极电势。界面电势由两部分组成，一是外电位，即把单位正电荷在真空中从无穷远处移到离表面 $10^{-6}\,m$ 处所做的电功，可以测量；二是表面电势，即从 $10^{-6}\,m$ 将单位正电荷通过界面移到物相内部所做的功，无法测量。所以界面电势是不可以测量的。

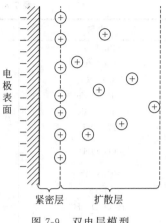

图 7-9  双电层模型

在原电池中，不同的电解质溶液或溶质相同而浓度不同的溶液互相接触，由于离子的迁移速率不同，而造成在界面上微弱的电势差，称为液体接界电势。比如，不同浓度的 HCl 溶液，HCl 溶液由浓度大的一方向浓度小的一方扩散，由于 $H^+$ 的运动速率比 $Cl^-$ 的运动速率大，一段时间后，浓度小的一方 $H^+$ 过剩，带正电；浓度大的一方 $Cl^-$ 过剩，带负电。正负电之间产生电势差，在这个电势差作用下，$H^+$ 的运动速率变慢，$Cl^-$ 的运动速率变快，最后得到平衡，电势差趋于稳定，就称之为液体接界电势。液体接界电势数值较小，一般不会超过 $0.03V$，不能够完全消除，但可以在正负极之间架设盐桥来尽量消除影响。

两种不同的金属接触，由于电子逸出功不同，彼此互相逸入的电子数就不同，在接触界面上电子分布就不均匀，产生的电势差就称为接触电势。接触电势数值一般非常小，在实际问题中可以忽略。

## 7.6.2  电极电势

原电池由两个电极构成，如果我们能够知道两个电极的电势，就可以用正极电极电势减去负极电极电势而得到电池电动势，然而电极电势又是不可测量的，因此，1953 年 IUPAC（国际纯粹和应用化学联合会）建议采用标准氢电极（溶液中 $a_{H^+}=1$，吹打铂片的氢气压力为 $100kPa$）作为标准电极，标准氢电极结构如图 7-10 所示。

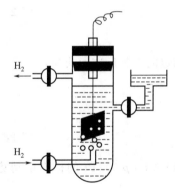

图 7-10  氢电极结构示意图

$$Pt\,|\,H_2(p^{\ominus})\,|\,H^+(a=1)$$

并规定：298.15K，标准氢电极的电极电势 $\varphi^{\ominus}(H^+/H_2)=0$。

在测定任意电极的电势时，IUPAC 规定，将标准氢电极作负极，待测电极作正极，组成如下电池：

$$Pt\,|\,H_2(p^{\ominus})\,|\,H^+(a=1)\,\|\,待测电极$$

例如，要确定 298.15K 铜电极 $Cu^{2+}(a=1)\,|\,Cu$ 的电极电势，可以组成如下电池：

$$Pt\,|\,H_2(p^{\ominus})\,|\,H^+(a=1)\,\|\,Cu^{2+}(a=1)\,|\,Cu(s)$$

因为：
$$E^{\ominus}=\varphi^{\ominus}_{Cu^{2+}/Cu}-\varphi^{\ominus}_{H^+/H_2}$$

测定：
$$E^{\ominus}=0.337V$$

又因为：
$$\varphi^{\ominus}(H^+/H_2)=0$$

所以：
$$\varphi^{\ominus}_{Cu^{2+}/Cu}=0.337V。$$

该电极电势为氢标还原电极电势。一些常见电极的氢标还原电极电势如表 7-8 所示。

有了氢标还原电极电势，原电池电动势可按下列公式计算：

$$E=\varphi_+-\varphi_- \tag{7-26}$$

表 7-8　100kPa、298.15K 常见电极的标准电极电势

| 电极 | 电极反应 | $\varphi^{\ominus}$ |
|---|---|---|
| $Zn^{2+}/Zn$ | $Zn^{2+}+2e \longrightarrow Zn$ | $-0.7630V$ |
| $Cu^{2+}/Cu$ | $Cu^{2+}+2e \longrightarrow Cu$ | $0.3370V$ |
| $Cu^{+}/Cu$ | $Cu^{+}+e \longrightarrow Cu$ | $0.5220V$ |
| $Fe^{3+}/Fe$ | $Fe^{3+}+3e \longrightarrow Fe$ | $-0.0360V$ |
| $Fe^{2+}/Fe$ | $Fe^{2+}+2e \longrightarrow Fe$ | $-0.4090V$ |
| $H_2/OH^-$ | $2H_2O+2e \longrightarrow H_2+2OH^-$ | $-0.8277V$ |
| $O_2/OH^-$ | $\frac{1}{2}O_2+H_2O+2e \longrightarrow 2OH^-$ | $0.4010V$ |
| $Cl_2/Cl^-$ | $Cl_2+2e \longrightarrow 2Cl^-$ | $1.3583V$ |
| $I_2/I^-$ | $I_2+2e \longrightarrow 2I^-$ | $0.5350V$ |
| $H_2O/O_2,H^+$ | $4H^++O_2+4e \longrightarrow 2H_2O$ | $1.2290V$ |
| $AgCl/Ag$ | $AgCl+e \longrightarrow Ag+Cl^-$ | $0.2221V$ |

### 7.6.3　电池电动势和电极电势的计算

在一定温度时，可逆电池电池反应为：

$$a A+b B \longrightarrow c C+d D$$

该反应的等温方程式为：

$$\Delta_r G_m = \Delta_r G_m^{\ominus}+RT\ln\frac{a_C^c a_D^d}{a_A^a a_B^b}$$

因为：

$$\Delta_r G_m = -zEF$$

所以：

$$E = E^{\ominus}-\frac{RT}{zF}\ln\frac{a_C^c a_D^d}{a_A^a a_B^b} \qquad (7\text{-}27)$$

上式称为电池电势的能斯特方程。

对于任意电极，它的电极电势都是用标准氢电极作负极标定的，其反应通式为：

$$M^{z+}+ze \longrightarrow M$$

所以，电极电势的能斯特方程为：

$$\varphi_{M^{z+}/M} = \varphi_{M^{z+}/M}^{\ominus}-\frac{RT}{zF}\ln\frac{a_M}{a_{M^{z+}}} \qquad (7\text{-}28)$$

【例 7-9】　298.15K 时，电池 $Pt|H_2(p^{\ominus})|HCl(a_{\pm}=0.1)|Cl_2(p^{\ominus})|Pt$ 的标准电动势 $E^{\ominus}=1.358V$，解答以下问题：

（1）写出电极反应和电池反应。

（2）计算 298.15K 时电池的电动势 $E$。

**解：**（1）负极反应：$H_2 \longrightarrow 2H^++2e$

正极反应：$Cl_2+2e \longrightarrow 2Cl^-$

电池反应：$H_2+Cl_2 \longrightarrow 2HCl$

（2）因为：$E = E^{\ominus}-\frac{RT}{zF}\ln\dfrac{a_{HCl}^2}{\dfrac{p_{H_2}}{p^{\ominus}}\times\dfrac{p_{Cl_2}}{p^{\ominus}}}=E^{\ominus}-\frac{RT}{zF}\ln a_{HCl}^2=E^{\ominus}-\frac{RT}{zF}\ln a_{\pm}^4$

所以：$E = \left(1.358-\dfrac{4\times8.314\times298.15}{2\times96485}\ln0.1\right)V=1.476V$

## 7.6.4 可逆电池热力学

借助桥梁公式 $\Delta_r G_m = -zEF$，可以求取电池反应中的 $\Delta_r H_m$、$\Delta_r S_m$、$Q_{r,m}$。

因为： $$dG = -SdT + Vdp$$

所以： $$\left(\frac{\partial G}{\partial T}\right)_p = -S$$

所以： $$\left(\frac{\partial \Delta G}{\partial T}\right)_p = -\Delta S$$

又因为： $$\Delta_r G_m = -zEF$$

所以： $$\left[\frac{\partial(-zEF)}{\partial T}\right]_p = -\Delta_r S_m$$

即 $$\Delta_r S_m = zF\left(\frac{\partial E}{\partial T}\right)_p \tag{7-29}$$

上式中 $\left(\frac{\partial E}{\partial T}\right)_p$ 称为温度系数。

结合热力学关系式 $Q_{r,m} = T\Delta_r S_m$、$\Delta_r H_m = \Delta_r G_m + T\Delta_r S_m$ 可得：

$$Q_{r,m} = zFT\left(\frac{\partial E}{\partial T}\right)_p \tag{7-30}$$

$$\Delta_r H_m = -zEF + zFT\left(\frac{\partial E}{\partial T}\right)_p \tag{7-31}$$

【例 7-10】 298.15K 时，$Ag(s)|AgCl(s)|KCl(a)|Cl_2(g)|Pt$ 的电动势 $E = 0.0455V$，$\left(\frac{\partial E}{\partial T}\right)_p = -3.38 \times 10^{-5} V/K$，求电池反应的 $\Delta_r H_m$、$\Delta_r S_m$、$Q_{r,m}$。

**解：** 电池反应为： $$Ag(s) + \frac{1}{2}Cl_2(g) \longrightarrow AgCl(s)$$

$$\begin{aligned}
\Delta_r H_m &= -zEF + zFT\left(\frac{\partial E}{\partial T}\right)_p \\
&= [-1 \times 96500 \times 0.0455 + 1 \times 96500 \times 298.15 \times (-3.38 \times 10^{-5})] J/mol \\
&= -5363 J/mol
\end{aligned}$$

$$\begin{aligned}
\Delta_r S_m &= zF\left(\frac{\partial E}{\partial T}\right)_p \\
&= [1 \times 96500 \times (-3.38 \times 10^{-5})] J/(mol \cdot K) \\
&= -3.26 J/(mol \cdot K)
\end{aligned}$$

$$Q_{r,m} = T\Delta_r S_m = [298.15 \times (-3.26)] J/mol = -971.9 J/mol$$

# 7.7 电池电动势的应用

## 7.7.1 判断氧化还原反应的方向

【例 7-11】 已知 $\varphi^{\ominus}_{Ag^+/Ag} = 0.799V$，$\varphi^{\ominus}_{Fe^{3+}/Fe^{2+}} = 0.771V$，判断反应
$$Fe^{2+} + Ag^+ \longrightarrow Fe^{3+} + Ag \text{ 能否正向进行。}$$

**解：** 依据以上反应，设计电池如下：

$$Pt \mid Fe^{2+}, Fe^{3+} \parallel Ag^+ \mid Ag(s)$$

$$E^{\ominus} = \varphi^{\ominus}_{Ag^+/Ag} - \varphi^{\ominus}_{Fe^{3+}/Fe^{2+}}$$

$$= (0.799 - 0.771)V = 0.028V > 0$$

因为：
$$\Delta_r G^{\ominus}_m = -zE^{\ominus}F$$

所以：
$$\Delta_r G^{\ominus}_m < 0$$

所以反应可以正向进行。

### 7.7.2　计算反应的溶度积

【例 7-12】　求 298.15K 时，反应 $AgCl(s) \longrightarrow Ag^+(a_+) + Cl^-(a_-)$ 的溶度积。已知 $\varphi^{\ominus}_{AgCl/Ag} = 0.2224V$，$\varphi^{\ominus}_{Ag^+/Ag} = 0.7991V$。

**解**：依据以上反应，设计电池如下：

$$Ag(s) \mid AgNO_3(a_1) \parallel KCl(a_2) \mid AgCl(s) \mid Ag(s)$$

负极反应：
$$Ag \longrightarrow Ag^+(a_+) + e$$

正极反应：
$$AgCl(s) + e \longrightarrow Ag + Cl^-(a_-)$$

电池反应：
$$AgCl(s) \longrightarrow Ag^+(a_+) + Cl^-(a_-)$$

因为：
$$\Delta_r G^{\ominus}_m = -zE^{\ominus}F, \quad \Delta_r G^{\ominus}_m = -RT\ln K^{\ominus}_a$$

所以：
$$zE^{\ominus}F = RT\ln K^{\ominus}_a$$

所以：
$$\ln K^{\ominus}_a = \frac{zE^{\ominus}F}{RT} = \frac{1 \times 96500 \times (0.2224 - 0.7991)}{8.314 \times 298.15}$$

$$K^{\ominus}_a = 1.78 \times 10^{-10}$$

$$K_{sp} = K^{\ominus}_a = 1.78 \times 10^{-10}$$

### 7.7.3　计算离子平均活度系数

【例 7-13】　298.15K 时电池 $Pt \mid H_2(100kPa) \mid HBr(m) \parallel AgBr(s) \mid Ag(s)$ 的 $E^{\ominus} = 0.0711V$。当 HBr 的浓度为 0.010mol/kg 时，$E = 0.3126V$，求此浓度下 HBr 的 $\gamma_{\pm}$。

**解**：电池反应如下：

$$\frac{1}{2}H_2 + AgBr \longrightarrow Ag + HBr$$

电动势为：
$$E = E^{\ominus} - \frac{RT}{zF}\ln\frac{a_{Ag}\,a_{HBr}}{\left[\dfrac{p_{H_2}}{p^{\ominus}}\right]^{\frac{1}{2}}a_{AgBr}}$$

因为：$a_{Ag} = 1$、$a_{AgBr} = 1$、$a_{HBr} = a^2_{\pm(HBr)}$、$p_{H_2} = 100kPa$、$z = 1$

所以
$$E = E^{\ominus} - \frac{RT}{F}\ln a^2_{\pm(HBr)}$$

$$0.3126 = 0.0711 - \frac{2 \times 8.314 \times 298}{96500}\ln a_{\pm(HBr)}$$

$$\ln a_{\pm(HBr)} = -4.703$$

$$a_{\pm(HBr)} = 0.00907$$

又因为：
$$a_{\pm(HBr)} = m_{HBr}\gamma_{\pm(HBr)}$$

$$\gamma_{\pm(HBr)} = \frac{a_{\pm(HBr)}}{m_{HBr}} = \frac{0.00907}{0.01} = 0.907$$

### 7.7.4 计算化学反应的平衡常数

【例 7-14】 298.15K 时，计算反应 $Ce^{4+}+Fe^{2+}\longrightarrow Ce^{3+}+Fe^{3+}$ 的热力学平衡常数。

**解：** 将反应设计成如下原电池：

$$Pt \mid Fe^{2+}(a_{Fe^{2+}}=1),Fe^{3+}(a_{Fe^{3+}}=1) \parallel Ce^{3+}(a_{Ce^{3+}}=1),Ce^{4+}(a_{Ce^{4+}}=1) \mid Pt$$

查热力学数据表得：$E^{\ominus}=0.869V$

因为：
$$\Delta_r G_m^{\ominus}=-zE^{\ominus}F, \quad \Delta_r G_m^{\ominus}=-RT\ln K_p^{\ominus}$$

所以：
$$\ln K_p^{\ominus}=\frac{zE^{\ominus}F}{RT}$$

$$K_p^{\ominus}=\exp\left(\frac{zE^{\ominus}F}{RT}\right)=\exp\left(\frac{1\times96500\times0.869}{8.314\times298.15}\right)=4.92\times10^{14}$$

# 7.8 电极的极化

## 7.8.1 分解电压

在原电池外部连外加电源，当外加电源的电动势小于原电池电动势时，该装置仍为原电池；当外加电源的电动势大于原电池电动势时，该装置变为电解池。能够让电解池持续工作的最小电压值，称为分解电压，在可逆电池中分解电压等于原电池的电动势，在不可逆电池中，由于极化作用，分解电压大于原电池的电动势。

在图 7-11 中，用 Pt 电极电解 $H_2SO_4$ 溶液，逐渐改变外加电压值，记录装置中的电流值，并绘制曲线，如图 7-12 所示。

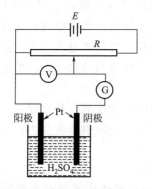

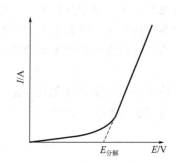

图 7-11　分解电压测定装置图　　　　　　　图 7-12　电流-电压图

从电流-电压曲线可以清楚地看到，曲线分为三段，第一段：电压值增加，电流值增加幅度较小，此时装置应该仍为原电池，在这个阶段，两个电极上分别产生微量吸附的氢气和氧气，并形成一个原电池 $Pt \mid H_2(p) \mid H_2SO_4(m) \mid O_2(p) \mid Pt$，其电动势与外压相反，阻碍了电解的进行，从理论上讲，此时不应该有电流产生，但是由于产生的氢气和氧气会向溶液中扩散，因此会形成微弱的电流。第二段：电压值增加，电流值增加幅度加大，此时外加电压的数值已经接近原电池的电动势，当产生的氢气和氧气的压力接近外界大气压时，溶液中有气泡产生。第三段：电压值增加幅度不大时电流已经急剧增加，此时装置应该是电解池了，发生电解反应如下：

阴极：$2H^+ + 2e \longrightarrow H_2$

阳极：$H_2O \longrightarrow 2H^+ + \dfrac{1}{2}O_2 + 2e$

电解反应：$H_2O \longrightarrow H_2 + \dfrac{1}{2}O_2$

第三段的反向延长线与横轴的交点所对应的电压值就称为分解电压。常见电解质溶液的分解电压见表 7-9。

表 7-9  常见电解质溶液的分解电压

| 电解质溶液 | 分解电压/V | 理论分解电压/V | 电解产物 |
|---|---|---|---|
| NaOH | 1.69 | 1.23 | $H_2 + O_2$ |
| KOH | 1.67 | 1.23 | $H_2 + O_2$ |
| $NH_4OH$ | 1.74 | 1.23 | $H_2 + O_2$ |
| $HNO_3$ | 1.89 | 1.23 | $H_2 + O_2$ |
| $H_2SO_4$ | 1.67 | 1.23 | $H_2 + O_2$ |
| $H_3PO_4$ | 1.70 | 1.23 | $H_2 + O_2$ |
| HCl | 1.31 | 1.37 | $H_2 + Cl_2$ |
| HBr | 0.94 | 1.08 | $H_2 + Br_2$ |
| HI | 0.52 | 0.55 | $H_2 + I_2$ |
| $CuSO_4$ | 1.49 | 0.51 | $Cu + O_2$ |
| $ZnSO_4$ | 2.55 | 1.60 | $Zn + O_2$ |
| $AgNO_3$ | 0.70 | 0.04 | $Ag + O_2$ |

## 7.8.2  极化现象

从理论上讲，当外加电压达到理论分解电压时，装置就变为电解池，但在实际问题中，外加电压总是要大于理论分解电压一定数值时，电解反应才发生。当有电流通过时，电极上的反应是不可逆反应，随着电流密度增加，不可逆反应的程度会越来越大，我们把在有电流通过时，实际电解电势对平衡电势的偏离现象称为极化。极化分为两种类型：浓差极化和电化学极化。

（1）浓差极化  浓差极化是由溶液本体的浓度和电极附近浓度的差异造成的，也可以讲是由离子迁移速率和离子在电极上的反应速率的差异造成的。电极电势方程为：

$$\varphi_{M^{z+}/M} = \varphi_{M^{z+}/M}^{\ominus} - \dfrac{RT}{zF}\ln\dfrac{1}{a_{M^{z+}}}$$

上式中的 $a_{M^{z+}}$ 指溶液本体中离子的浓度，但是真正决定电极电势的是电极附近的离子的浓度，当离子的迁移速率和离子在电极上的反应速率不同时，这两个浓度就存在着差异，这就造成对平衡电极电势的偏差。可以通过升高温度或者搅拌来消除浓差极化。电化学中的极谱分析就是利用了浓差极化。

（2）电化学极化  当电流通过电极时，在电极上发生化学反应，该反应由一系列具体的步骤组成，其中有一步的反应最慢，称为速控步，所需活化能最高。使电极反应的速率受到阻滞而造成电极表面带电状况的改变，导致电极电势偏离平衡电势的现象，称为电化学极化。

我们把一定电流密度下，实际电极电势和平衡电极电势之差的绝对值称为超电势，用 $\eta$ 表示。阳极超电势让阳极电势变得更大；阴极超电势让阴极电势变得更小。

$$\eta_+ = \varphi_{\text{阳极电势}} - \varphi_{\text{阳极平衡电势}} \tag{7-32}$$

$$\eta_- = \varphi_{\text{阴极平衡电势}} - \varphi_{\text{阴极电势}} \tag{7-33}$$

式中，$\eta_+$ 为阳极超电势；$\eta_-$ 为阴极超电势。

影响电化学超电势的因素主要有以下几个。

① 电极材料。低电流密度时 $H_2$ 和 $O_2$ 在一些电极上的超电势值见表 7-10。

**表 7-10　低电流密度时 $H_2$ 和 $O_2$ 在一些电极上的超电势值**

| 电极 | $\eta_{H_2}$/V | $\eta_{O_2}$/V | 电极 | $\eta_{H_2}$/V | $\eta_{O_2}$/V |
|---|---|---|---|---|---|
| Ni | 0.2~0.4 | 0.05 | Fe | 0.1~0.2 | 0.3 |
| Cu | 0.4~0.6 | — | Au | 0.02~0.1 | 0.5 |
| Cd | 0.5~0.7 | 0.4 | Pt | 0.00 | 0.4 |
| Zn | 0.6~0.8 | — | 光亮 Pt | 0.2~0.4 | 0.5 |
| Pb | 0.9~1.0 | 0.3 | Pt 黑 | 0.00 | 0.3 |
| Ag | 0.2~0.4 | 0.4 | | | |

② 电极的表面状态。电极表面越光滑，电流密度就大，超电势就大；电极表面越粗糙，电流密度越小，超电势越小。

③ 电流密度。一般情况下，金属析出的超电势较小，有气体析出时，超电势较大。电流密度越大，超电势越大。即使是同一种气体，在电极上的超电势也会随着电流密度的不同而不同，1905 年塔菲尔（Tafel）提出了塔菲尔公式：

$$\eta = a + b \ln j \tag{7-34}$$

式中，$j$ 表示电流密度，$A/m^2$；$a$、$b$ 是与电极材料及表面状态有关的经验常数。293K 时氢在不同电极上析出时的 $a$、$b$ 值见表 7-11。

**表 7-11　293K 时氢在不同电极上析出时的 $a$、$b$ 值**

| 电极 | 溶液组成 | $a$/V | $b$/V | 电极 | 溶液组成 | $a$/V | $b$/V |
|---|---|---|---|---|---|---|---|
| Pb | 0.5mol/L $H_2SO_4$ | 1.560 | 0.110 | Fe | 1.0mol/L $H_2SO_4$ | 0.70 | 0.125 |
| Ti | 0.85mol/L $H_2SO_4$ | 1.550 | 0.140 | Ni | 0.11mol/L NaOH | 0.64 | 0.100 |
| Zn | 0.5mol/L $H_2SO_4$ | 1.240 | 0.118 | Co | 1.0mol/L HCl | 0.62 | 0.140 |
| Cu | 1.0mol/L $H_2SO_4$ | 0.80 | 0.115 | 光亮 Pt | 1.0mol/L HCl | 0.10 | 0.13 |
| Ag | 0.5mol/L $H_2SO_4$ | 0.95 | 0.116 | | | | |

④ 溶液中杂质。溶液中如果存在能够降低水的表面张力的物质，可以降低气体的超电势。

## 7.8.3　极化曲线

电极电势与电流密度之间的关系曲线称为极化曲线。电解池和原电池的极化曲线如图 7-13 和图 7-14 所示。

从图 7-13 可以看出，随着电流密度的增大，两电极上的超电势也增大，阳极析出电势变大，阴极析出电势变小，使外加的电压增加，额外消耗了电能。

从图 7-14 可以看出，随着电流密度的增加，阳极析出电势变大，阴极析出电势变小。极化使原电池的做功能力下降。

## 7.8.4　电解时电极上的反应

阴极上的反应：金属离子或 $H^+$ 在阴极上发生还原反应，电极电势最大的首先在阴极析出。

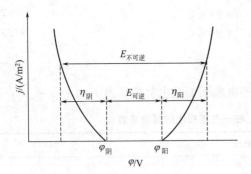

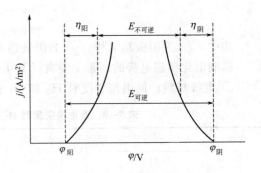

图 7-13　电解池极化曲线　　　　　　　　图 7-14　原电池极化曲线

**【例 7-15】** 298.15K 时，用 Cu 电极电解 0.01mol/L 的 CuSO$_4$ 和 ZnSO$_4$ 溶液，已知，电流密度为 100A/m$^2$，H$_2$ 在 Cu 电极上的超电势为 0.584V，溶液的 pH＝7，$\varphi_{Cu^{2+}/Cu}^{\ominus}$＝0.337V，$\varphi_{Zn^{2+}/Zn}^{\ominus}$＝－0.763V，问电解时阴极上各物质的析出顺序？

**解：** Cu$^{2+}$＋2e $\longrightarrow$ Cu

$$\varphi_{Cu^{2+}/Cu}=\varphi_{Cu^{2+}/Cu}^{\ominus}-\frac{RT}{2F}\ln\frac{1}{a_{Cu^{2+}}}$$

代入数据得：$\varphi_{Cu^{2+}/Cu}$＝0.307V

Zn$^{2+}$＋2e $\longrightarrow$ Zn

$$\varphi_{Zn^{2+}/Zn}=\varphi_{Zn^{2+}/Zn}^{\ominus}-\frac{RT}{2F}\ln\frac{1}{a_{Zn^{2+}}}$$

代入数据得：$\varphi_{Zn^{2+}/Zn}$＝－0.793V

$$2H^{+}+2e \longrightarrow H_2$$

$$\varphi_{H^{+}/H_2}=-\frac{RT}{2F}\ln\frac{1}{a_{H^{+}}^{2}}-\eta_{H_2}$$

代入数据得：$\varphi_{H^{+}/H_2}$＝－0.998V

$\varphi_{Cu^{2+}/Cu}>\varphi_{Zn^{2+}/Zn}>\varphi_{H^{+}/H_2}$，所以 Cu 先析出，然后是 Zn，最后是 H$_2$。

阳极上的反应：阴离子在阳极上发生氧化反应，电极电势最小的首先在阳极氧化。

**【例 7-16】** 以石墨为电极，在 298.15K、$p^{\ominus}$ 条件下电解 $a_{Cl^{-}}$＝1mol/L，pH＝7 的某溶液，已知电流密度为 1000A/m$^2$，O$_2$ 和 Cl$_2$ 在石墨电极上的超电势为 1.06V 和 0.25V。问哪种离子优先在阳极上析出？

**解：** 氧的电极反应为：

$$2OH^{-} \longrightarrow H_2O+\frac{1}{2}O_2+2e$$

氧的析出电势 $\varphi_{O_2\text{析出}}=\varphi_{O_2/OH^{-}}+\eta_{O_2}$

$$\varphi_{O_2\text{析出}}=\varphi_{O_2/OH^{-}}^{\ominus}+\frac{RT}{2F}\ln\frac{\left(\dfrac{p_{O_2}}{p^{\ominus}}\right)^{\frac{1}{2}}}{a_{OH^{-}}^{2}}+\eta_{O_2}$$

因为：$p_{O_2}=p^{\ominus}$

所以代入数据：$\varphi_{O_2\text{析出}}$＝1.875V

氯的电极反应：

$$2Cl^{-} \longrightarrow Cl_2+2e$$

氯的析出电势 $\varphi_{Cl_2 \text{析出}} = \varphi_{Cl_2/Cl^-} + \eta_{Cl_2}$

$$\varphi_{Cl_2 \text{析出}} = \varphi_{Cl_2/Cl^-}^{\ominus} + \frac{RT}{2F} \ln \frac{\left(\dfrac{p_{Cl_2}}{p^{\ominus}}\right)^{\frac{1}{2}}}{a_{Cl^-}^2} + \eta_{Cl_2}$$

因为：$p_{Cl_2} = p^{\ominus}$

所以代入数据得：$\varphi_{Cl_2 \text{析出}} = 1.608V$

因为 $\varphi_{O_2 \text{析出}} > \varphi_{Cl_2 \text{析出}}$，所以氯气先在阳极上析出。

# 习　题

1. 在 3 个串联的电解池中，分别装入 $CuSO_4$ 溶液（含 $H_2SO_4$）、$CuCl$ 溶液（含 $NaCl$）、$KCu(CN)_2$ 溶液（含 $KCN$），用 $Cu$ 电极通电 1h，电流强度为 1A，问每个 $Cu$ 电极上析出多少克铜。

2. 293K 时，将电导池中充满 0.02mol/L 的 KCl 溶液，测得其电阻为 457.3Ω，若电导池中充满 0.555g/L 的 $CaCl_2$ 溶液，测得其电阻为 1050Ω，已知 293K 时 0.02mol/L 的 KCl 溶液的电导率 $\kappa = 0.25 \Omega^{-1}/m$。计算该溶液 $\Lambda_m(\frac{1}{2}CaCl_2)$。

3. 用 $Cu$ 电极电解 $CuSO_4$ 溶液，电解后，阴极析出 0.300g 铜，在阳极区溶液中含 1.415g 铜，电解前，同质量的阳极区溶剂中含 1.214g 铜。求 $Cu^{2+}$ 和 $SO_4^{2-}$ 的迁移数。

4. 298.15K $LiCl$ 的 $\Lambda_m^{\infty} = 1.15 \times 10^{-2}\ \Omega^{-1} \cdot m^2/mol$，$Li^+$ 的迁移数为 0.33，$CH_3COONH_4$ 的 $\Lambda_m^{\infty} = 1.147 \times 10^{-2}\ \Omega^{-1} \cdot m^2/mol$，$CH_3COO^-$ 的迁移数为 0.36，求 $CH_3COOLi$ 的 $\Lambda_m^{\infty}$。

5. 298.15K $LiCl$ 和 $KCl$ 的无限稀释摩尔电导率 $\Lambda_m^{\infty}$ 分别为 $1.15 \times 10^{-2}\ S \cdot m^2/mol$ 和 $1.49 \times 10^{-2}\ S \cdot m^2/mol$，$Li^+$ 和 $K^+$ 的迁移数分别是 0.330 和 0.491。计算 298.15K 时，无限稀释溶液中：（1）$LiCl$ 溶液中 $Li^+$ 和 $Cl^-$ 的摩尔电导率；（2）$KCl$ 溶液中 $K^+$ 和 $Cl^-$ 的摩尔电导率。

6. 298.15K，在电导池中充以电导率为 $1.411 \times 10^{-1}\ S/m$ 的 0.01mol/L 的 KCl 溶液，测得其电阻为 262Ω，如果在电导池中充以 0.01mol/L 的醋酸溶液，测得其电阻为 2200Ω。计算：

(1) 该条件下醋酸溶液的电离度和电离平衡常数。

(2) 如果在电导池中充以纯水，测得其电阻为 185200Ω，求水的电导率。

(3) 若除去水对醋酸溶液电导率的影响，计算醋酸溶液的电离度。

7. 将下列化学反应设计成原电池：

(1) $2Ag^+(a_1) + H_2(p) \longrightarrow 2Ag + 2H^+(a_2)$

(2) $2Fe^{3+}(a_1) + Sn^{2+}(a_3) \longrightarrow 2Fe^{2+}(a_2) + Sn^{4+}(a_4)$

(3) $Zn + Hg_2SO_4(s) \longrightarrow ZnSO_4(a) + 2Hg(l)$

(4) $AgCl(s) + I^-(a_1) \longrightarrow AgI(s) + Cl^-(a_2)$

(5) $H_2(p_1) + \frac{1}{2}O_2(p_2) \longrightarrow H_2O(l)$

8. 利用如下数据表：

| 物质 | Ag | AgCl(s) | Hg(l) | Hg₂Cl₂(s) |
|---|---|---|---|---|
| $S_m^{\ominus}[\text{J}/(\text{mol}\cdot\text{K})]$ | 42.7 | 96.2 | 77.4 | 195.6 |

电池 $Ag \mid AgCl(s) \mid KCl(l) \mid Hg_2Cl_2(s) \mid Hg(l)$ 的电池反应为

$2Ag + Hg_2Cl_2 \longrightarrow 2AgCl + 2Hg$，298.15K 该电池反应的 $\Delta_r H_m = 5435\text{J/mol}$。

计算该温度下电池的电动势 $E$ 和温度系数 $\left(\dfrac{\partial E}{\partial T}\right)_p$。

9. 298.15K 时，将反应 $Pb + Cu^{2+}(0.5\text{mol/kg}) \longrightarrow Pb^{2+}(0.1\text{mol/kg}) + Cu$ 设计成原电池。计算：

(1) 电池电动势。

(2) 电池反应的吉布斯自由能变化值。

(3) 将上述反应写成 $2Pb + 2Cu^{2+}(0.5\text{mol/kg}) \longrightarrow 2Pb^{2+}(0.1\text{mol/kg}) + 2Cu$，(1) 和 (2) 的结果如何变化。

10. 298.15K，测定电池 $Zn \mid ZnCl_2(0.05\text{mol/kg}) \mid AgCl(s) \mid Ag$ 的电动势为 1.015V，温度系数 $\left(\dfrac{\partial E}{\partial T}\right)_p = -4.92 \times 10^{-4}\text{V/K}$。写出电池反应，并计算当电池可逆放电 2mol 电子电量时，电池反应的 $Q_r$、$\Delta_r G_m$、$\Delta_r S_m$、$\Delta_r H_m$。

# 第8章
# 化学动力学

**重点内容提要：**

1. 掌握反应速度的概念及通式。
2. 掌握基元反应和质量作用定律。
3. 掌握具有简单反应级数的计算。
4. 掌握按照实验数据判断反应级数的四种方法。
5. 掌握阿仑尼乌斯公式和活化能的概念。
6. 掌握反应历程的拟定方法。

在化学热力学中我们解决了两个大的问题，即能量问题，方向和限度问题。化学热力学采用热力学研究方法，即只关心起始状态和终了状态，不关心变化的过程和途径。例如，下列反应：

$$H_2(g) + \frac{1}{2}O_2(g) \longrightarrow H_2O(l) \qquad \Delta_r G_m^{\ominus} = -237.19 kJ/mol$$

从热力学数据上分析，该反应应该进行的十分完全，但实际情况是，氢气可以相对稳定地存在于空气中，发生十分缓慢的变化。

化学动力学是研究反应速率和机理的科学，主要解决以下几个方面的问题：

① 研究反应的条件（温度、压力、介质、催化剂、浓度等因素）和反应速度。

② 研究反应机理。所谓反应机理就是指反应具体的步骤、过程、途径。掌握了反应机理，就控制了反应，可以更好地为生产、研究提供依据。

③ 揭示分子结构和反应机理之间的关系，从微观角度研究反应理论，建立完善的动力学反应理论体系。

化学动力学分为宏观动力学和微观动力学两个部分，宏观动力学研究反应条件和速度问题，其理论体系相对完整；微观动力学研究机理和反应理论问题，其理论体系尚不完善。但自 20 世纪 50 年代以来由于实验条件和实验技术的提升，已能取得反应过程中某些微观方面的信息，微观动力学理论正进入一个蓬勃发展的阶段。

# 8.1　基本概念

## 8.1.1　化学反应速率

化学反应发生，反应物的浓度随时间增加而减小，生成物的浓度则随时间增加而增大。

化学反应速率不是固定不变的，是随着反应进程的改变而改变的，反应之初，因为反应物的浓度很大，所以反应速率较快，随着反应进程的进行，反应物逐渐消耗，反应速率逐渐减小。所以尽管反应速率有多种表示方法，但在化学动力学中，瞬时速率仍是最重要的。我们定义瞬时速率为如下形式：

$$r = \frac{1}{\nu_B} \times \frac{dc_B}{dt} \tag{8-1}$$

式中，$\nu_B$ 表示反应计量数，反应物为负，生成物为正。

比如下列反应：

$$eE + fF \longrightarrow gG + hH$$

化学反应速率为：$r = -\frac{1}{e} \times \frac{dc_E}{dt} = -\frac{1}{f} \times \frac{dc_F}{dt} = \frac{1}{g} \times \frac{dc_G}{dt} = \frac{1}{h} \times \frac{dc_H}{dt}$

化学反应速率的测定方法一般有以下两种。

(1) 化学方法　用骤冷、冲稀、加阻化剂、除去催化剂等方法使反应停止，然后从反应体系中取出一定量的物质进行化学分析。该种方法可以准确地确定某一时刻的反应程度，但缺点是不具有连续性。

(2) 物理方法　测定和反应物或生成物有关的物性参数，间接地确定反应进程。常见的物性参数有旋光、折射率、电导率、电动势、黏度等；或用现代谱仪（IR、UV-VIS、ESR、NMR、ESCA 等）监测与浓度有定量关系的物理量的变化，从而求得浓度变化。物理方法是现在普遍采用的方法，其优点是具有连续性。

## 8.1.2　基元反应与复杂反应

化学反应：

$$H_2 + Cl_2 \longrightarrow 2HCl$$
$$H_2 + Br_2 \longrightarrow 2HBr$$
$$H_2 + I_2 \longrightarrow 2HI$$

这三个反应是不是代表真实反应呢？利用了波谱学的知识，我们得到了三个反应的具体历程：

(1)

$$Cl_2 \longrightarrow 2Cl\cdot$$
$$Cl\cdot + H_2 \longrightarrow HCl + H\cdot$$
$$H\cdot + Cl_2 \longrightarrow HCl + Cl\cdot$$
$$2Cl\cdot + M \longrightarrow Cl_2 + M$$

(2)

$$Br_2 \longrightarrow 2Br\cdot$$
$$Br\cdot + H_2 \longrightarrow HBr + H\cdot$$
$$H\cdot + Br_2 \longrightarrow HBr + Br\cdot$$
$$H\cdot + HBr \longrightarrow H_2 + Br\cdot$$
$$2Br\cdot \longrightarrow Br_2$$

(3)

$$I_2 \longrightarrow 2I\cdot$$
$$2I\cdot \longrightarrow I_2$$

$$2I \cdot + H_2 \longrightarrow 2HI$$

我们定义基元反应的概念如下：经过一次碰撞就发生的反应称为基元反应。也可以理解为最基本单元的反应。总之基元反应应该是真实发生的反应。(1)、(2)、(3)中的每一个反应都是基元反应。

$H_2 + Cl_2 \longrightarrow 2HCl$、$H_2 + Br_2 \longrightarrow 2HBr$、$H_2 + I_2 \longrightarrow 2HI$，这些反应由若干个基元反应组成，称为复杂反应或者总包反应。

## 8.1.3 质量作用定律

质量作用定律表述如下：

基元反应中，反应速率与反应物浓度的幂乘积成正比。

其中，幂指数就是基元反应方程中各反应物的系数。

比如：对于基元反应 $e\mathrm{E} + f\mathrm{F} \longrightarrow g\mathrm{G} + h\mathrm{H}$，反应速率可写为：

$$r = kc_{\mathrm{E}}^{e} c_{\mathrm{F}}^{f}$$

## 8.1.4 反应分子数和反应级数

参加基元反应的反应物的微粒数称为基元反应的反应分子数，反应分子数只能是正整数。比如如下基元反应：

$$\mathrm{A} \longrightarrow \mathrm{B} \qquad 单分子反应$$
$$\mathrm{A} + \mathrm{B} \longrightarrow \mathrm{C} \qquad 双分子反应$$
$$\mathrm{A} + 2\mathrm{B} \longrightarrow \mathrm{C} \qquad 三分子反应$$

在目前发现的反应中，双分子反应居多，三分子反应很少，目前只发现 5 个气相反应为三分子反应，且均和 NO 有关。

速率方程中各反应物浓度项上的指数称为该反应物的级数。反应级数可以是整数、分数，也可以是正数、负数或零，有的反应甚至无法用简单的数字来表示级数。比如：

$$2\mathrm{N_2O_5} \longrightarrow 4\mathrm{NO_2} + \mathrm{O_2} \qquad r = kc_{\mathrm{N_2O_5}} \qquad 一级反应$$
$$518℃时 \quad \mathrm{CH_3CHO} \longrightarrow \mathrm{CH_4} + \mathrm{CO} \quad r = kc_{\mathrm{CH_3CHO}}^{2} \qquad 二级反应$$
$$447℃时 \quad \mathrm{CH_3CHO} \longrightarrow \mathrm{CH_4} + \mathrm{CO} \quad r = kc_{\mathrm{CH_3CHO}}^{\frac{3}{2}} \qquad \frac{3}{2}级反应$$

反应分子数和反应级数是两个不同范畴的概念，反应分子数是对基元反应而言的，反应级数不管对基元反应还是复杂反应都是存在的。当然，在基元反应中反应分子数和反应级数的数值是一致的。

## 8.1.5 反应速率系数

速率方程中的比例系数 $k$ 称为反应的速率系数。它的物理意义是指反应物的浓度均为单位浓度时的反应速率。$k$ 仅是温度的函数。$k$ 的单位随着反应级数的不同而不同。比如：

零级反应的 $k$ 的单位：浓度/时间。

一级反应的 $k$ 的单位：时间$^{-1}$。

二级反应的 $k$ 的单位：浓度$^{-1}$/时间。

三级反应的 $k$ 的单位：浓度$^{-2}$/时间。

## 8.1.6 半衰期和半寿期

衰期是指化学反应发生后，剩余反应物浓度占起始反应物浓度某一分数时所需的时间。

当剩余反应物浓度恰好是起始浓度的一半时所需的时间称为半衰期。

寿期是指反应掉的反应物占起始浓度达某一分数时所需的时间。反应物反应掉一半所需的时间称为半寿期。

# 8.2　简单反应级数的计算

简单反应级数的反应包括一级反应、二级反应、三级反应、零级反应。对于这四种简单级数的反应，要掌握它们的微分式、积分式、半衰期公式和速率系数 $k$ 的单位。

## 8.2.1　一级反应

反应的速率和反应物浓度的一次方成正比的反应就称为一级反应。

设有一级反应
$$A \longrightarrow P$$
$$t=0 \quad a \qquad 0$$
$$t=t \quad a-x \qquad x$$

因为
$$r = \frac{\mathrm{d}x}{\mathrm{d}t} = k(a-x)$$

所以
$$\frac{\mathrm{d}x}{a-x} = k\,\mathrm{d}t \tag{8-2}$$

式（8-2）称为一级反应的微分方程式，其中速率系数 $k$ 的单位为时间$^{-1}$。

对式（8-2）取不定积分得：
$$\ln(a-x) = -kt + b \tag{8-3}$$

式（8-3）称为一级反应的不定积分方程式，它表示一个线性关系，即 $\ln(a-x)$-$t$ 呈线性关系，其中 $b$ 为常数。

对式（8-2）取定积分得：
$$\ln\frac{a}{a-x} = kt \tag{8-4}$$

式（8-4）称为一级反应的定积分方程式。

当一级反应的 $a-x = \frac{1}{2}a$ 时，所需的时间称为半衰期 $t_{\frac{1}{2}}$。
$$t_{\frac{1}{2}} = \frac{\ln 2}{k} \tag{8-5}$$

式（8-5）为一级反应的半衰期公式。

常见的一级反应有放射性元素的蜕变、分子重排、碘蒸气的离解、五氧化二氮的分解等。

【例 8-1】　某物质的分解是一级反应，该物质分解 $40\%$ 的需要 $50\mathrm{min}$，求：

（1）该反应的速率系数。

（2）该物质分解 $90\%$ 所需的时间。

解：（1）一级反应的定积分方程式为：
$$\ln\frac{a}{a-x} = kt$$

将数据代入得：$\ln\dfrac{1}{1-0.4} = k \times 50$

$$k = 0.01022 \text{min}^{-1}$$

（2）将数据代入得：$\ln \dfrac{1}{1-0.9} = 0.01022 \times t$

$$t = 225.3 \text{min}$$

**【例 8-2】** 在考古研究中，经常用 $C^{14}$ 来确定文物的年限，已知该元素的半衰期为 5730 年，今在某出土文物中测定 $C^{14}$ 的含量只有 $72\%$，求该样品距今有多少年。

**解：** 一级反应的半衰期公式为：

$$t_{\frac{1}{2}} = \frac{\ln 2}{k_1}$$

所以

$$k = \frac{\ln 2}{t_{\frac{1}{2}}}$$

将数据代入得：$k = \dfrac{\ln 2}{5730} = 1.21 \times 10^{-4} \text{a}^{-1}$

一级反应的定积分方程式为：

$$\ln \frac{a}{a-x} = kt$$

将数据代入得：$\ln \dfrac{1}{0.72} = 1.21 \times 10^{-4} t$

$$t = 2715 \text{a}.$$

**【例 8-3】** 308K 时 $N_2O_5$ 的气相分解是一级反应，该反应 40min 分解了 $27.4\%$。计算：

（1）反应速率常数。

（2）50min 分解了多少。

（3）半衰期。

**解：**（1）一级反应的定积分方程式为：

$$\ln \frac{a}{a-x} = kt$$

将数据代入得：$\ln \dfrac{1}{1-0.274} = k \times 40$

$$k = 0.0080 \text{min}^{-1}$$

（2）一级反应的定积分方程式为：

$$\ln \frac{a}{a-x} = kt$$

将数据代入得：$\ln \dfrac{1}{1-x} = 0.0080 \times 50$

$$x = 0.33$$

（3）

$$t_{\frac{1}{2}} = \frac{\ln 2}{k}$$

$$t_{\frac{1}{2}} = \frac{\ln 2}{0.008} = 86.6 \ (\text{min})$$

## 8.2.2 二级反应

反应的速率方程式中，浓度项的指数和等于 2 的反应称为二级反应。

设有二级反应：

$$A \quad + \quad B \quad \longrightarrow \quad P$$

$$t=0 \quad a \qquad b \qquad\quad 0$$

$$t=t \quad a-x \qquad b-x \qquad x$$

因为

$$r=\frac{\mathrm{d}x}{\mathrm{d}t}=k(a-x)(b-x)$$

（1）$a=b$

$$\frac{\mathrm{d}x}{\mathrm{d}t}=k(a-x)^2 \tag{8-6}$$

式（8-6）称为二级反应的微分方程式，其中速率系数 $k$ 的单位为浓度$^{-1}$/时间。

对式（8-6）取不定积分得：

$$\frac{1}{a-x}=kt+m \tag{8-7}$$

式（8-7）称为二级反应的不定积分方程式，它表示一个线性关系，即 $\frac{1}{a-x}$-$t$ 呈线性关系，其中 $m$ 为常数。

对式（8-6）取定积分得：

$$\frac{x}{a(a-x)}=kt \tag{8-8}$$

式（8-8）称为二级反应的定积分方程式。

当二级反应的 $a-x=\frac{1}{2}a$ 时，所需的时间称为半衰期 $t_{\frac{1}{2}}$。

$$t_{\frac{1}{2}}=\frac{1}{ka} \tag{8-9}$$

式（8-9）称为二级反应的半衰期式。

（2）$a\neq b$

不定积分方程式为：

$$\frac{1}{a-b}\ln\frac{a-x}{b-x}=kt+m \tag{8-10}$$

定积分方程式为：

$$\frac{1}{a-b}\ln\frac{b(a-x)}{a(b-x)}=kt \tag{8-11}$$

常见的二级反应有乙烯、丙烯和异丁烯的二聚作用，氯酸钾的分解，酯类的皂化，碘化氢、甲醛的热分解等。

【例8-4】 基元反应 $2A \longrightarrow B+C$，300K 时 $t_{1/2}=15\text{min}$。求 300K 时，当反应速率为起始速率的一半时，需要多长时间？

**解：二级反应的半衰期公式为：**

$$t_{\frac{1}{2}}=\frac{1}{ka}$$

代入数据得：$k=\dfrac{1}{15c_{\text{A},0}}$

**二级反应速率方程式为：**

$$r=kc_{\text{A},0}^2 \qquad\qquad ①$$

设反应速率是起始速率一半时的反应物浓度为 $c_{\text{A},1}$

$$\frac{r}{2}=kc_{\text{A},1}^2 \qquad\qquad ②$$

联立①②得：
$$c_{A,1} = \frac{\sqrt{2}}{2} c_{A,0} \approx 0.707 c_{A,0}$$

二级反应定积分方程式为：
$$\frac{x}{a(a-x)} = kt$$

代入数据得：
$$\frac{1}{c_{A,0}} - \frac{1}{0.707 c_{A,0}} = \frac{1}{15 c_{A,0}} \times t$$
$$t = 6.21 \text{min}$$

**【例 8-5】** 对于二级反应 $A + B \longrightarrow C$，测得在 355K 时在水溶液中反应的速率常数 $k_2 = 5.20 \text{mol}^{-1} \cdot \text{L/h}$，试计算在 355K 时，A 与 B 起始浓度均为 $1.20 \text{mol/L}$，A 转化 95% 需要多长时间？

**解：** 二级反应定积分方程式为：
$$\frac{x}{a(a-x)} = kt$$

将数据代入得：
$$\frac{0.95 \times 1.20}{1.20(1.20 - 0.95 \times 1.20)} = 5.20 t$$
$$t = 3.04 h$$

**【例 8-6】** 乙酸乙酯和氢氧化钠的皂化反应为二级反应，298.15K 时，起始浓度均为 $0.010 \text{mol/L}$，反应经过 420s 后，发生反应的浓度为 $4.50 \times 10^{-3} \text{mol/L}$。求：

（1）反应速率系数 $k$。

（2）900s 后，反应物浓度是多少。

**解：**（1）二级反应定积分方程式为：
$$\frac{x}{a(a-x)} = kt$$

将数据代入得：
$$\frac{4.50 \times 10^{-3}}{0.01(0.01 - 4.50 \times 10^{-3})} = 420 k$$
$$k = 0.194 \text{mol}^{-1} \cdot \text{L/s}$$

（2）因为：
$$\frac{x}{a(a-x)} = kt$$

所以：
$$\frac{1}{a} - \frac{1}{a-x} = kt$$
$$\frac{1}{a-x} = kt + \frac{1}{a}$$

代入数据得：
$$\frac{1}{a-x} = 0.194 \times 900 + \frac{1}{0.010}$$
$$a - x = 3.64 \times 10^{-3} \text{mol/L}$$

## 8.2.3 三级反应

反应速率方程中，浓度项的指数和等于 3 的反应称为三级反应。

设有三级反应：

$$
\begin{array}{ccccccc}
 & A & + & B & + & C & \longrightarrow & P \\
t=0 & a & & b & & c & & 0 \\
t=t & a-x & & b-x & & c-x & & x
\end{array}
$$

$$\frac{\mathrm{d}x}{\mathrm{d}t}=k(a-x)(b-x)(c-x)$$

三级反应的种类极少，我们在这里只讨论 $a=b=c$ 的情况。

$$\frac{\mathrm{d}x}{\mathrm{d}t}=k(a-x)^3 \tag{8-12}$$

式(8-12)称为三级反应的微分方程式，其中速率系数 $k$ 的单位为浓度$^{-2}$/时间。

对式(8-12)取不定积分得：

$$\frac{1}{2(a-x)^2}=kt+m \tag{8-13}$$

式(8-13)称为二级反应的不定积分方程式，它表示一个线性关系，即 $\frac{1}{(a-x)^2}\text{-}t$ 呈线性关系，其中 $m$ 为常数。

对式(8-12)取定积分得：

$$\frac{1}{2}\left[\frac{1}{(a-x)^2}-\frac{1}{a^2}\right]=kt \tag{8-14}$$

式(8-14)称为三级反应的定积分方程式。

当三级反应的 $a-x=\frac{1}{2}a$ 时，所需的时间称为半衰期 $t_{\frac{1}{2}}$。

$$t_{\frac{1}{2}}=\frac{3}{2ka^2} \tag{8-15}$$

式(8-15)称为三级反应的半衰期式。

## 8.2.4 零级反应

反应速率方程中，反应速率与反应物浓度无关的反应称为零级反应。

设有零级反应：

$$
\begin{array}{ccc}
 & A & \longrightarrow & P \\
t=0 & a & & 0 \\
t=t & a-x & & x
\end{array}
$$

$$\frac{\mathrm{d}x}{\mathrm{d}t}=k \tag{8-16}$$

式(8-16)称为零级反应的微分方程式，其中速率系数 $k$ 的单位为浓度/时间。

对式(8-16)取定积分得：

$$x=kt \tag{8-17}$$

式(8-17)称为零级反应的定积分方程式。

当三级反应的 $a-x=\frac{1}{2}a$ 时，所需的时间称为半衰期 $t_{\frac{1}{2}}$。

$$t_{\frac{1}{2}}=\frac{a}{2k} \tag{8-18}$$

式(8-18)称为零级反应的半衰期式。

某些光化学反应、酶催化反应、表面催化反应、电解反应都是零级反应。

【例 8-7】 已知 298.15K 时 $\alpha$-氨苄青霉素的溶解度为 12g/L，现有一个浓度为 25g/L 的该药物的混悬液，药物降解反应级数为零级，速率系数 $k$ 为 $2.2 \times 10^{-6}$g/(L·s)，求该混悬液的有效期 $t_{0.9}$。

**解：** 因为零级反应速率方程式为：

$$x = kt$$

当 $a - x = 0.9a$ 时，反应时间为 $t_{0.9}$。

$$t_{0.9} = \frac{a}{10k} = \frac{25}{10 \times 2.2 \times 10^{-6}}s$$

$$= 1.14 \times 10^6 s = 13.2d$$

# 8.3 反应级数的确定

反应级数的确定一般有四种方法，即积分法、微分法、半衰期法和孤立法。

## 8.3.1 积分法

积分法分为尝试法和作图法。

（1）尝试法 将实验测定的不同反应时间数据代入简单级数的速率方程式，计算速率系数 $k$。比如，将实验数据代入一级反应的速率方程式，求出的 $k$ 值相同或相近，就可以确定反应是一级反应；如果求出的 $k$ 值差距较大，反应就不是一级反应。依照同样的方法代入其他级数的速率方程中去逐一尝试。

（2）作图法 一级反应的线性关系：

$$\ln(a-x) = -kt + b$$

二级反应的线性关系：

$$\frac{1}{a-x} = kt + m$$

三级反应的线性关系：

$$\frac{1}{2(a-x)^2} = kt + m$$

将实验测定的不同反应时间数据按照一级、二级、三级反应的线性关系进行处理，哪个能得到直线，就对应相应的级数。如果都不能得到直线，就说明研究的反应不是简单反应级数。

【例 8-8】 298.15K 时将浓度均等于 0.02mol/dm³ 的 $CH_3COOC_2H_5$ 与等体积的 NaOH 溶液混合，发生如下反应：

$$CH_3COOC_2H_5 + NaOH \longrightarrow CH_3COONa + C_2H_5OH$$

不同反应时间电导率 $\kappa$(mS) 如下表所示。$1S = 1\Omega^{-1}$，$1mS = 10^{-3}S$。

| $t$/min | 0 | 5 | 9 | 15 | 20 | 25 | $\infty$ |
|---------|-----|-----|-----|-----|-----|-----|-----|
| $\kappa$/mS | 2.400 | 2.024 | 1.836 | 1.637 | 1.530 | 1.454 | 0.861 |

计算：反应级数及反应速率系数。

**解:**

假设反应是二级反应:

$$\frac{x}{a(a-x)}=kt$$

$$\frac{1}{a}-\frac{1}{a-x}=kt$$

$a$ 用 $\kappa_\infty-\kappa_0$ 代替, $a-x$ 用 $\kappa_t-\kappa_0$ 代替。

$$\frac{1}{\kappa_\infty-\kappa_0}-\frac{1}{\kappa_t-\kappa_0}=kt$$

$$\frac{\kappa_t-\kappa_\infty}{(\kappa_\infty-\kappa_0)(\kappa_t-\kappa_0)}=kt$$

将 $t=5$ 代入得 $k=6.47\text{mol}^{-1}\cdot\text{dm}^3\cdot\text{min}^{-1}$。
将 $t=9$ 代入得 $k=6.43\text{mol}^{-1}\cdot\text{dm}^3\cdot\text{min}^{-1}$。
将 $t=15$ 代入得 $k=6.55\text{mol}^{-1}\cdot\text{dm}^3\cdot\text{min}^{-1}$。
将 $t=20$ 代入得 $k=6.50\text{mol}^{-1}\cdot\text{dm}^3\cdot\text{min}^{-1}$。
将 $t=25$ 代入得 $k=6.38\text{mol}^{-1}\cdot\text{dm}^3\cdot\text{min}^{-1}$。

所以该反应是二级反应,速率系数取平均值为 $k=6.47\text{mol}^{-1}\cdot\text{dm}^3\cdot\text{min}^{-1}$。

### 8.3.2 微分法

设有反应:

$$A \longrightarrow P$$

速率方程式为: $-\dfrac{\mathrm{d}c_A}{\mathrm{d}t}=kc_A^n$

取两个不同的起始浓度 $c_1$ 和 $c_2$

所以: $-\dfrac{\mathrm{d}c_1}{\mathrm{d}t}=kc_1^n$, $-\dfrac{\mathrm{d}c_2}{\mathrm{d}t}=kc_2^n$

两边取对数得: $\lg\left(-\dfrac{\mathrm{d}c_1}{\mathrm{d}t}\right)=n\lg c_1+\lg k$

$$\lg\left(-\frac{\mathrm{d}c_2}{\mathrm{d}t}\right)=n\lg c_2+\lg k$$

联立上面两式得: $\qquad n=\dfrac{\lg\left(-\dfrac{\mathrm{d}c_1}{\mathrm{d}t}\right)-\lg\left(-\dfrac{\mathrm{d}c_2}{\mathrm{d}t}\right)}{\lg c_1-\lg c_2}$ (8-19)

也可以采用如下方式处理:

$$-\frac{\mathrm{d}c_A}{\mathrm{d}t}=kc_A^n$$

两边取对数得: $\lg\left(-\dfrac{\mathrm{d}c_A}{\mathrm{d}t}\right)=n\lg c+\lg k$

以 $\lg\left(-\dfrac{\mathrm{d}c_A}{\mathrm{d}t}\right)$ 对 $\lg c$ 作图可以得一条直线,直线的斜率为反应级数 $n$。这种方法理论上可以求任意级数,但误差较大,因为该种方法要作三次图,即 $c_A$-$t$ 作图; $-\dfrac{\mathrm{d}c_A}{\mathrm{d}t}$-$t$ 作图;

$\lg\left(-\dfrac{\mathrm{d}c_A}{\mathrm{d}t}\right)$-$t$ 作图。其中 $-\dfrac{\mathrm{d}c_A}{\mathrm{d}t}$-$t$ 作图引入的误差最大。

### 8.3.3 半衰期法

半衰期法不适用于一级反应，所以在使用半衰期法之前可以先用积分法研究反应是不是一级反应。

设反应：
$$A \longrightarrow P$$

$$-\frac{dc_A}{dt} = kc_A^n$$

半衰期通式为：

$$t_{1/2} = \frac{k}{c_{A,0}^n} \qquad (8\text{-}20)$$

选取两个不同的初始浓度 $c_{A,0}$ 和 $c'_{A,0}$，测定其半衰期为 $t_{1/2}$ 和 $t'_{1/2}$。

所以：
$$\frac{t_{1/2}}{t'_{1/2}} = \left(\frac{c'_{A,0}}{c_{A,0}}\right)^{n-1}$$

两边取对数并移项得：
$$n = 1 + \frac{\lg\left(\frac{t_{1/2}}{t'_{1/2}}\right)}{\lg\left(\frac{c'_{A,0}}{c_{A,0}}\right)}$$

也可以用下列方法处理：$\lg t_{1/2} = (1-n)\lg c_{A,0} + m$。$m$ 表示常数，以 $\lg t_{1/2}\text{-}\lg c_{A,0}$ 作图，可得一条直线，由直线的斜率可以得到反应级数 $n$。

【例 8-9】 反应 $2HI \longrightarrow I_2 + H_2$，在 780K 恒温下，以 HI 初始压力 100kPa 和 1000kPa 测定半衰期分别为 135min 和 13.5min，求反应的级数和速率系数 $k$。

**解**：因为 $n = 1 + \dfrac{\lg\left(\dfrac{t_{1/2}}{t'_{1/2}}\right)}{\lg\left(\dfrac{c'_{A,0}}{c_{A,0}}\right)}$

代入数据可得：$n = 1 + \dfrac{\lg\left(\dfrac{135}{13.5}\right)}{\lg\left(\dfrac{1000}{100}\right)}$

所以：$n = 2$

又因为二级反应半衰期公式为：$t_{\frac{1}{2}} = \dfrac{1}{ka}$

代入数据可得：$k = \dfrac{1}{135 \times 100}\text{min}^{-1}/\text{kPa} = 7.4 \times 10^{-5}\text{min}^{-1}/\text{kPa}$

### 8.3.4 孤立法

孤立法不能够单独地确定反应的级数，必须和其他方法联合使用，但孤立法给我们提供一种解决问题的思路。

设有反应：
$$A + B \longrightarrow P$$
反应速率为：
$$r = kc_A^\alpha c_B^\beta$$

先让 $c_A$ 远大于 $c_B$，速率方程式变为：$r = k'c_B^\beta$，确定 $\beta$ 值；再让 $c_B$ 远大于 $c_A$，速率方程式变为：$r = k'c_A^\alpha$，确定 $\alpha$ 值。从而确定反应的总级数。

# 8.4 几种典型的复杂反应

由若干个基元反应组合而成的反应称为复杂反应。最典型的复杂反应有对峙反应、平行反应、连续反应及链反应。链反应在单独的小节中讨论，本节重点学习对峙反应、平行反应、连续反应。

## 8.4.1 对峙反应

正逆两个方向都能进行的反应称为对峙反应，俗称可逆反应。正逆反应可以是反应级数相同的反应，也可以是反应级数不同的反应；可以是基元反应，也可以是复杂反应。

对峙反应的特点如下：

① 总的反应速率等于正向速率与逆向速率的差值。

② 反应达到平衡时，净的速率为0。

③ 平衡常数等于正向速率系数与逆向速率系数的比值。

下面我们以最简单的对峙反应，1-1级对峙反应来举例进行研究。

设有反应：

$$A \xrightleftharpoons{} B$$

$$
\begin{array}{lll}
t=0 & a & 0 \\
t=t & a-x & x \\
t=t_e & a-x_e & x_e
\end{array}
$$

$$r = \frac{dx}{dt} = r_+ - r_- = k_1(a-x) - k_{-1}x$$

移项积分得：

$$\int_0^x \frac{dx}{k_1(a-x) - k_{-1}x} = \int_0^t dt$$

$$\ln a - \ln\left(a - \frac{k_1 + k_{-1}}{k_1}x\right) = (k_1 + k_{-1})t \tag{8-21}$$

又因为反应达平衡：

$$k_1(a-x_e) - k_{-1}x_e = 0$$

所以：

$$a = \frac{k_1 + k_{-1}}{k_1}x_e$$

代入到式(8-21) 中得：

$$\ln \frac{x_e}{x_e - x} = (k_1 + k_{-1})t \tag{8-22}$$

【例 8-10】 某对峙反应 $A \xrightleftharpoons{} B$，其中正向速率系数 $k_1 = 0.006\text{min}^{-1}$，逆向速率系数 $k_{-1} = 0.002\text{min}^{-1}$。如果反应开始体系中只有 A，求过多长时间 A 和 B 浓度相等。

**解：** 因为：$\dfrac{k_1}{k_{-1}} = \dfrac{x_e}{a - x_e} = 3$

所以 $x_e = \dfrac{3}{4}a$

当 A 和 B 浓度相等时，$x = \dfrac{a}{2}$

将以上数据代入式(8-22) 得：

$$\ln \frac{\frac{3}{4}a}{\frac{3}{4}a - \frac{1}{2}a} = (0.006 + 0.002)t$$

$$t = 137\text{min}$$

## 8.4.2　平行反应

由相同的反应物生成不同产物的反应称为平行反应,平行反应在有机化学中很多,一般将反应产物较多的反应称为主反应,其他称为副反应。

平行反应的特征如下:

① 平行反应的总速率等于各平行反应速率之和。

② 速率方程的微分式和积分式与同级的简单反应的速率方程相似,只是速率系数为各个反应速率系数的和。

下面我们以最简单的平行反应,一级平行反应来举例进行研究。

$$A \underset{k_2}{\overset{k_1}{\diagup}} \begin{matrix} B \\ C \end{matrix}$$

$$
\begin{array}{cccc}
 & A & B & C \\
t=0 & a & 0 & 0 \\
t=t & a-x_1-x_2 & x_1 & x_2
\end{array}
$$

令 $x = x_1 + x_2$

$$r = \frac{\mathrm{d}x}{\mathrm{d}t} = r_1 + r_2 = k_1(a-x) + k_2(a-x)$$

移项得: 
$$\frac{\mathrm{d}x}{(a-x)} = (k_1+k_2)\mathrm{d}t \tag{8-23}$$

积分得: 
$$\ln\frac{a}{a-x} = (k_1+k_2)t \tag{8-24}$$

变形可得: 
$$a-x = a\mathrm{e}^{-(k_1+k_2)t}$$

又因为: 
$$\frac{\mathrm{d}x_1}{\mathrm{d}t} = k_1(a-x)$$

$$\frac{\mathrm{d}x_2}{\mathrm{d}t} = k_2(a-x)$$

所以: 
$$x_1 = \frac{k_1 a}{k_1+k_2}\left[1-\mathrm{e}^{-(k_1+k_2)t}\right] \tag{8-25}$$

$$x_2 = \frac{k_2 a}{k_1+k_2}\left[1-\mathrm{e}^{-(k_1+k_2)t}\right] \tag{8-26}$$

## 8.4.3　连续反应

如果一个化学反应由若干个步骤组成,下一步反应的反应物是前一步反应的生成物,则这样的反应称为连续反应。下面以两个连续的一级反应为例来学习连续反应的特征。

$$A \xrightarrow{k_1} B \xrightarrow{k_2} C$$

则: 
$$-\frac{\mathrm{d}c_A}{\mathrm{d}t} = k_1 c_A \tag{8-27}$$

$$-\frac{\mathrm{d}c_B}{\mathrm{d}t} = k_1 c_A - k_2 c_B \tag{8-28}$$

$$-\frac{\mathrm{d}c_C}{\mathrm{d}t} = k_2 c_B \tag{8-29}$$

由（8-27）得：
$$c_A = c_{A,0} e^{-k_1 t} \tag{8-30}$$

将式（8-30）代入式（8-28），积分得：
$$c_B = \frac{c_{A,0} k_1}{k_2 - k_1}(e^{-k_1 t} - e^{-k_2 t}) \tag{8-31}$$

所以
$$c_C = 1 - c_A - c_B = c_{A,0}\left[1 - \frac{1}{k_2 - k_1}(k_2 e^{-k_1 t} - k_1 e^{-k_2 t})\right] \tag{8-32}$$

对式（8-31）求导数令其为 0，就可以求出中间产物的最大值和与之对应的时间。
$$\frac{dc_B}{dt} = \frac{c_{A,0} k_1}{k_2 - k_1}(k_2 e^{-k_2 t} - k_1 e^{-k_1 t}) = 0$$

解出：
$$t_{max} = \frac{\ln(k_2/k_1)}{k_2 - k_1} \tag{8-33}$$

$$c_{B,max} = c_{A,0}\left(\frac{k_1}{k_2}\right)^{\frac{k_2}{k_2 - k_1}} \tag{8-34}$$

# 8.5 温度对反应速率的影响

## 8.5.1 速率系数与温度的五种关系

化学反应的速率与温度关系密切，速率常数与温度的关系一般有以下几种类型，见图 8-1。

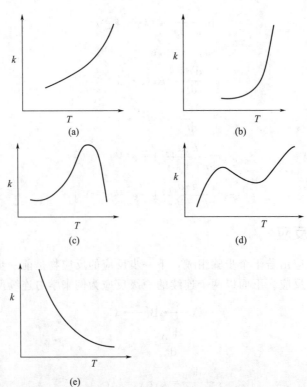

图 8-1 速率系数与温度关系图

图 8-1(a)：代表常见的反应，反应速率随温度的升高而逐渐增大，它们之间呈指数关

系，如乙醛的热分解等。

图 8-1(b)：开始时反应速率随温度的变化较小，到达一定温度时，反应速率突然加快，比如爆炸反应。

图 8-1(c)：在一定温度范围内，反应速率随温度的升高而加快，达到一定的温度以后，速率下降，如多相催化反应和酶催化反应。

图 8-1(d)：速率随温度升高先升高后降低，然后再升高，比如发生副反应的一些反应。

图 8-1(e)：这种反应类型极少，如 NO 的氧化反应。

### 8.5.2 阿仑尼乌斯公式

1889 年阿仑尼乌斯依据大量的实验数据，提出了阿仑尼乌斯公式。

微分式：
$$\frac{d\ln k}{dT} = \frac{E_a}{RT^2} \tag{8-35}$$

式中，$E_a$ 表示活化能。

指数式：
$$k = A e^{-E_a/RT} \tag{8-36}$$

式中，$A$ 称为指前因子。

定积分式：
$$\ln \frac{k_2}{k_1} = -\frac{E_a}{R}\left(\frac{1}{T_2} - \frac{1}{T_1}\right) \tag{8-37}$$

不定积分式：
$$\ln k = -\frac{E_a}{RT} + \ln A \tag{8-38}$$

一些一级反应和二级反应的实验活化能和指前因子见表 8-1 和表 8-2。

表 8-1　一些一级反应的实验活化能和指前因子

| 反应 | $A/s^{-1}$ | $E_a/(kJ/mol)$ |
|---|---|---|
| $CH_3NC \longrightarrow CH_3CN$ | $3.98 \times 10^{13}$ | 160 |
| $C_2H_5I \longrightarrow C_2H_4 + HI$ | $2.51 \times 10^{13}$ | 209 |
| $C_2H_6 \longrightarrow 2CH_3$ | $2.51 \times 10^{17}$ | 384 |
| $N_2O_5 \longrightarrow NO_2 + NO_3$ | $6.31 \times 10^{14}$ | 88 |
| $N_2O \longrightarrow N_2 + O$ | $7.94 \times 10^{11}$ | 250 |
| $C_2H_5 \longrightarrow C_2H_4 + H$ | $1.00 \times 10^{12}$ | 167 |

表 8-2　一些二级反应的实验活化能和指前因子

| 反应 | $A/s^{-1}$ | $E_a/(kJ/mol)$ |
|---|---|---|
| $O + N_2 \longrightarrow NO + O$ | $1 \times 10^{11}$ | 315 |
| $OH + H_2 \longrightarrow H_2O + H$ | $8 \times 10^{10}$ | 42 |
| $Cl + H_2 \longrightarrow HCl + H$ | $8 \times 10^{10}$ | 23 |
| $2CH_3 \longrightarrow C_2H_6$ | $2 \times 10^{10}$ | 0 |
| $NO + Cl_2 \longrightarrow NOCl + Cl$ | $4 \times 10^9$ | 85 |
| $SO + O_2 \longrightarrow SO_2 + O$ | $3 \times 10^8$ | 27 |
| $CH_3 + C_2H_6 \longrightarrow CH_4 + C_2H_5$ | $2 \times 10^6$ | 44 |
| $C_6H_5 + H_2 \longrightarrow C_6H_6 + H$ | $1 \times 10^6$ | 25 |

### 8.5.3 范霍夫规则

1884 年，范霍夫提出了反应速率与温度的经验规则："温度每升高 10K，反应速率增加 2 倍到 4 倍"。

【例 8-11】 某反应在 400K 时进行需 10min。若降温到 300K 到相同的程度，需时多少？

**解:** 我们取 2 倍到 4 倍的下限。

$$\frac{t(400\text{K})}{t(300\text{K})} = 2^{10}$$

$$t(300\text{K}) = (10 \times 2^{10})\text{min} \approx 7\text{d}$$

# 8.6  链反应

通过自由基或活性中间体使反应自动发生下去,这类反应称为链反应。链反应也是一种常见的复杂反应,如合成橡胶、塑料、合成纤维及其高分子化合物的制备,烃类的氧化,燃料的燃烧及大气光化学过程等都与链反应有密切的关系。

## 8.6.1  链反应的步骤

链引发:用光照或辐射等方法,将反应物裂解为自由基的过程称为链引发。这一过程所需的活化能较高。

链传递:自由基活性极高,一旦生成立刻和其他物质发生反应,完成自由基的传递,使反应不断发生的过程称为链传递。这一过程所需的活化能较小。

链终止:自由基之间或自由基与器壁之间因碰撞而失去活性的过程称为链终止。这一过程所需的活化能很小或为零。

如反应 $H_2 + Br_2 \longrightarrow 2HBr$ 的反应机理如下:

$$Br_2 \xrightarrow{k_1} 2Br\cdot \qquad\qquad ①$$

$$Br\cdot + H_2 \xrightarrow{k_2} HBr + H\cdot \qquad\qquad ②$$

$$H\cdot + Br_2 \xrightarrow{k_3} HBr + Br\cdot \qquad\qquad ③$$

$$H\cdot + HBr \xrightarrow{k_4} H_2 + Br\cdot \qquad\qquad ④$$

$$2Br\cdot \xrightarrow{k_5} Br_2 \qquad\qquad ⑤$$

其中①为链引发;②③④为链传递;⑤为链终止。

## 8.6.2  链反应的分类

链反应分为直链反应和支链反应。

直链反应是指在链反应中一个自由基发生反应生成一个新的自由基的反应。自由基只传递而不增加。比如下列反应:

$$H_2 + Cl_2 \longrightarrow 2HCl$$

其反应历程如下:

$$Cl_2 \xrightarrow{h\nu,\,k_1} 2Cl\cdot$$

$$Cl\cdot + H_2 \xrightarrow{k_2} HCl + H\cdot$$

$$H\cdot + Cl_2 \xrightarrow{k_3} HCl + Cl\cdot$$

$$Cl\cdot + Cl\cdot + M \xrightarrow{k_4} Cl_2 + M$$

支链反应是指在链反应中一个自由基连续增加的反应。自由基既传递又增加。支链反应由于体系中活性物质的数量剧增,所以反应速率急剧增加,如果产生的热量来不及散失,就会发生热爆炸。比如下列反应：

$$2H_2 + O_2 \longrightarrow 2H_2O$$

其反应历程如下：

$$H_2 + O_2 \longrightarrow HO_2 + H \cdot$$
$$H_2 + HO_2 \longrightarrow H_2O + OH \cdot$$
$$OH \cdot + H_2 \longrightarrow H_2O + H \cdot$$
$$H \cdot + O_2 \longrightarrow HO \cdot + O \cdot$$
$$O \cdot + H_2 \longrightarrow HO \cdot + H \cdot$$
$$H_2 + O \cdot + M \longrightarrow H_2O + M$$
$$H \cdot + H \cdot + M \longrightarrow H_2 + M$$
$$H \cdot + OH \cdot + M \longrightarrow H_2O + M$$
$$H \cdot + HO \cdot + M \longrightarrow H_2O + M$$

### 8.6.3 稳态近似法

反应过程中产生的自由基或活性中间体具有极高的活性，近代实验证明，自由基的寿命是很短的，可以近似地认为自由基达到稳定状态后它们的浓度不再随时间变化而变化，即自由基与时间的微分值为零。这种近似处理方法叫作稳态近似法。

$$H_2 + Cl_2 \longrightarrow 2HCl$$

其反应历程如下：

$$Cl_2 \xrightarrow{h\nu,\ k_1} 2Cl \cdot$$
$$Cl \cdot + H_2 \xrightarrow{k_2} HCl + H \cdot$$
$$H \cdot + Cl_2 \xrightarrow{k_3} HCl + Cl \cdot$$
$$Cl \cdot + Cl \cdot + M \xrightarrow{k_4} Cl_2 + M$$

反应的速率可以用 HCl 生成速率表示，即

$$r = \frac{1}{2} \cdot \frac{d[HCl]}{dt} \tag{8-39}$$

$$\frac{d[HCl]}{dt} = k_2[H_2][Cl \cdot] + k_3[Cl_2][H \cdot] \tag{8-40}$$

$$\frac{d[Cl \cdot]}{dt} = 2k_1[Cl_2] - k_2[Cl \cdot][H_2] + k_3[Cl_2][H \cdot] - 2k_4[Cl \cdot]^2[M] = 0 \tag{8-41}$$

$$\frac{d[H \cdot]}{dt} = k_2[Cl \cdot][H_2] - k_3[Cl_2][H \cdot] = 0 \tag{8-42}$$

由式(8-41)、式(8-42) 可知：$[Cl \cdot] = \left(\dfrac{k_1[Cl_2]}{k_4}\right)^{\frac{1}{2}}$，$[H \cdot] = \dfrac{k_2 k_1 [H_2]}{k_3 k_4 [Cl_2]^{\frac{1}{2}}}$

代入到式(8-40) 中，$\dfrac{d[HCl]}{dt} = 2k_2 \left(\dfrac{k_1}{k_4}\right)^{\frac{1}{2}} [H_2][Cl_2]^{\frac{1}{2}}$

代入到式(8-39) 中，$r = k_2 \left(\dfrac{k_1}{k_4}\right)^{\frac{1}{2}} [H_2] [Cl_2]^{\frac{1}{2}}$。

### 8.6.4 速控步和平衡假设法

在具体的反应历程中，如果有某步反应很慢，该步的速率基本上就可以看作是整个反应

的速率，该慢步骤称为速率决定步骤，简称速控步。

有反应 $$H_2 + I_2 \longrightarrow 2HI$$

反应历程如下：$I_2 \longleftrightarrow 2I\cdot$ 快（正向速率系数为 $k_1$；逆向速率系数为 $k_{-1}$）

$$H_2 + 2I\cdot \xrightarrow{k_2} 2HI \quad 慢$$

反应速率 $$r = k_2[H_2][I\cdot]^2 \tag{8-43}$$

又因为： $$k_1[I_2] = k_{-1}[I\cdot]^2$$

$$[I\cdot]^2 = \frac{k_1[I_2]}{k_{-1}} \tag{8-44}$$

将式(8-44)代入式(8-43)得：

$$r = \frac{k_1 k_2}{k_{-1}}[H_2][I_2] \tag{8-45}$$

# 8.7 催化反应

催化剂是一种加入量很少，却能显著改变反应速率，在反应前后保持不变的物质。有些催化剂也能够减小反应速率，称为阻化剂。催化剂在现代化学工业中有着特殊的地位。

催化反应一般分为两类，均相催化和非均相催化。均相催化是指在同一相中进行的催化反应，常见类型有配合物催化反应和酸碱催化反应；非均相催化是在不同相的界面上进行的，常见类型有固液或固气催化反应和酶催化反应。

催化剂的基本特征如下。

① 催化剂改变反应历程，降低反应的活化能。比如如下反应：

$$A + B \xrightarrow{E_1} AB$$

催化剂 C 参与反应，反应历程变为：

$$A + C \xrightarrow{k_1} AC$$

$$AC + B \xrightarrow{k_2} AB + C$$

在催化剂 C 种类的选择上，一定要注意催化剂 C 和物质 A 之间形成的化合物的稳定性不能太高，否则物质 B 不容易把 C 置换出来。

② 催化剂可以加快正逆反应速率，但不能改变反应的化学平衡，也不能使热力学上不可能发生的反应发生。

③ 催化剂具有选择性，一种催化剂只能催化一种反应。即使反应物相同，催化剂种类不同，也可以得到不同的产物。比如如下反应：

$$C_2H_5OH \xrightarrow{Cu,473\sim520K} CH_3CHO + H_2$$

$$C_2H_5OH \xrightarrow{Al_2O_3, 623\sim633K} C_2H_4 + H_2O$$

$$C_2H_5OH \xrightarrow{Al_2O_3, 413K} C_2H_5OC_2H_5 + H_2O$$

$$C_2H_5OH \xrightarrow{ZnO\cdot Cr_2O_3, 623\sim673K} CH_2=CH-CH=CH_2 + H_2O + H_2$$

④ 催化剂表面是不均匀的，存在着活性中心，对反应中某些少量杂质很敏感。若这些物质能使催化剂的活性、选择性、稳定性增强则称为助催化剂；若使催化剂的活性、选择性、稳定性减弱，则称为阻化剂。如果这些物质能使催化剂的活性严重降低甚至完全丧失，

则称为催化剂的毒物，这种现象称为催化剂中毒。

## 8.7.1 均相催化

设有如下均相催化反应：

$$S+C \longleftrightarrow X \qquad\qquad ①$$
$$X \longrightarrow R+C \qquad\qquad ②$$

其中，S 表示反应物，C 表示催化剂，X 表示中间产物，R 表示产物；$k_+$ 和 $k_-$ 表示反应①的正向速率系数和逆向速率系数；$k_2$ 表示反应②的速率系数。

产物 R 的生成速率为：

$$r=\frac{dc_R}{dt}=k_2 c_X \qquad\qquad (8-46)$$

又因为：

$$k_+ c_S c_C = k_- c_X + k_2 c_X$$

所以：

$$c_X=\frac{k_+}{k_- + k_2}c_S c_C$$

所以：

$$r=\frac{dc_R}{dt}=\frac{k_+ k_2}{k_- + k_2}c_S c_C \qquad\qquad (8-47)$$

催化剂的浓度可以影响反应速率。

## 8.7.2 多相催化

多相催化发生在两相界面上，一般分为以下几个步骤：
① 反应物分子扩散到固体催化剂表面；
② 反应物分子在催化剂表面发生吸附；
③ 吸附分子在催化剂表面进行反应；
④ 产物分子从催化剂表面上脱附；
⑤ 产物分子扩散离开催化剂表面。

反应的速率取决于其中最慢的步骤，一般情况下步骤③是慢步骤。根据质量作用定律，表面基元反应的反应速率应与固体表面上吸附分子的浓度成正比，即与吸附分子在固体表面的覆盖度 $\theta$ 成正比。

②、③两步可表示为如下形式：

$$A+S \longrightarrow S\text{-}A（吸附平衡）$$
$$S\text{-}A \longrightarrow X+S\text{-}（表面反应）$$

反应速率由速控步速率决定，即

$$r=k\theta_A \qquad\qquad (8-48)$$

反应物 A 在催化剂表面上的吸附遵从兰谬尔吸附等温式，即

$$\theta_A=\frac{p_A}{b+p_A} \qquad\qquad (8-49)$$

所以：

$$r=\frac{kp_A}{b+p_A} \qquad\qquad (8-50)$$

（1）$p_A$ 远小于 $b$，即低压或弱吸附时：

$$r=\frac{kp_A}{b} \qquad\qquad (8-51)$$

（2）$p_A$ 远大于 $b$，即高压或强吸附时：

$$r=k \qquad\qquad\qquad (8\text{-}52)$$

（3）若产物 X 在催化剂表面的吸附强度大于反应物 A 的吸附强度，依据兰谬尔吸附等温式可得：

$$\theta_A = \frac{p_A}{b_A + p_A + \frac{b_A}{b_X} p_X} \qquad\qquad (8\text{-}53)$$

因为：$\dfrac{b_A}{b_X} p_X$ 远大于 $b_A + p_A$

所以：
$$\theta_A = \frac{b_X p_A}{b_A p_X} \qquad\qquad (8\text{-}54)$$

所以：
$$r = k \frac{b_X p_A}{b_A p_X} \qquad\qquad (8\text{-}55)$$

# 习 题

1. $N_2O_5$ 在 $CCl_4$ 中分解为一级反应，已知在 45℃ 时 $N_2O_5$ 的初始浓度为 2.33mol/L，经过 319s 后 $N_2O_5$ 的浓度为 1.91mol/L。求：

（1）反应速率常数。

（2）半衰期。

（3）经过 0.5h 以后 $N_2O_5$ 的浓度。

2. 反应 $4PH_3(g) \longrightarrow P_4(g) + 6H_2(g)$ 是一级反应，把一定量的 $PH_3$ 迅速引入一个 956K 抽空的容器中，反应到达指定温度后，测得数据如下：

| $t/s$ | 0 | 58 | $\infty$ |
|---|---|---|---|
| $p/kPa$ | 34.99 | 36.33 | 36.84 |

求：（1）反应的速率常数。（2）90% $PH_3$ 分解所需要的时间。

3. 某气相反应 $2A \longrightarrow A_2$ 为二级反应，反应在恒温 600K 的抽空容器中进行，测定总压随时间的变化的数据如下表所示：

| $t/s$ | 0 | 100 | 200 | 400 |
|---|---|---|---|---|
| $p/kPa$ | 41.3 | 34.4 | 31.2 | 27.3 |

求：（1）反应的速率系数。（2）转化率达 75% 所需的时间。

4. 反应 $CH_3CH_2NO_2 + OH\cdot \longrightarrow H_2O + CH_3CHNO_2^-$ 为二级反应，在 0℃ 时 $k$ 为 39.1L/(mol·min)，若开始时硝基乙烷的浓度为 0.004mol/L，NaOH 的浓度为 0.005mol/L，求 90% 的硝基乙烷发生反应需要多长时间。

5. 某放射性元素放出 α 粒子，半衰期为 15min，计算该元素分解 80% 需要多长时间。

6. 298.15K 时，$N_2O_5(g)$ 分解反应的半衰期为 5h 42min，求：

（1）反应的速率常数。

（2）反应完成 80% 所需要的时间。

7. 当有碘存在时，氯苯与氯气在二硫化碳中发生平行反应，已知氯苯和氯气在二硫化碳中的初始浓度均为 0.5mol/L，30min 后有 15% 的氯苯转化为邻二氯苯，25% 的氯苯转化为对二氯苯。

$$C_6H_5Cl + Cl_2 \xrightarrow{k_1} HCl + o\text{-}C_6H_4Cl_2$$

$$C_6H_5Cl + Cl_2 \xrightarrow{k_2} HCl + p\text{-}C_6H_4Cl_2$$

计算平行反应的 $k_1$ 和 $k_2$。

8. 过氧化氢的稀溶液在催化剂 KI 存在时发生如下反应：

$$H_2O_2 \xrightarrow{KI} H_2O + \frac{1}{2}O_2$$

298.15K、100kPa 时，测得不同时间内产生氧气的体积如下表所示：

| $t/\min$ | 0 | 5 | 10 | 20 | 32 | 54 | 74 | 84 |
|---|---|---|---|---|---|---|---|---|
| $V_{O_2}/\text{cm}^3$ | 0 | 24 | 40.6 | 62.4 | 74.2 | 83.1 | 85.9 | 85.9 |

（1）证明反应是一级反应。

（2）求反应在 298.15K 时的速率系数和半衰期。

9. 反应 $A + B \longrightarrow C$ 分下列两步进行：

$$2A \longleftrightarrow D \qquad 快平衡$$

$$D + B \longrightarrow A + C \qquad 慢反应$$

已知快平衡反应的平衡常数为 $K_C$，求以 $\dfrac{dp_C}{dt}$ 表示的反应速率方程。

10. 乙烯在汞蒸气存在下的反应为：

$$C_2H_4 + H_2 \longrightarrow C_2H_6$$

该反应机理如下：

$$Hg + H_2 \xrightarrow{k_1} Hg + 2H\cdot$$

$$H\cdot + C_2H_4 \xrightarrow{k_2} C_2H_5\cdot$$

$$C_2H_5\cdot + H_2 \xrightarrow{k_3} C_2H_6 + H\cdot$$

$$H\cdot + H\cdot \xrightarrow{k_4} H_2$$

试证明反应的速率方程为：$\dfrac{d[C_2H_6]}{dt} = k[Hg]^{1/2}[H_2]^{1/2}[C_2H_4]$。

# 第9章
# 界面现象与胶体

**重点内容提要:**
1. 掌握表面吉布斯自由能和表面张力。
2. 掌握弯曲表面的附加压力。
3. 掌握液体界面的性质。
4. 掌握液-固界面的性质。
5. 掌握固体表面的性质。
6. 了解表面活性剂的性质及用途。

　　界面是指两相之间密切接触的约几个分子厚度的过渡区，常见的界面有气-液、气-固、液-液、液-固及固-固五种类型。如果两相中有一相为气体，则习惯上称为表面，如将气-液、气-固界面称为液体及固体的表面。本章重点研究发生在相界面上的现象和性质，也称为表面现象。

　　界面现象的研究具有深远的理论意义和实际意义，从理论上讲，为胶体化学的学习提供了理论基础，也渗透到生物学、医药学、气象学等学科领域；从实践上讲，界面现象原理广泛应用于化工、采矿、材料、食品、医药等领域。

# 9.1　表面吉布斯自由能

## 9.1.1　比表面

　　物质的分散度是指物质分散成细小微粒的程度。比表面 $A_V$ 是用来表示物质分散度的物理量，定义如下：

$$A_V = \frac{A}{V} \tag{9-1}$$

　　式中，$A$ 表示物质的表面积；$V$ 表示物质的体积。

　　表 9-1 反映了随着分散度增加比表面的变化情况。

　　从表 9-1 可以看出，当将边长为 1cm 的立方体分割成 $10^{-9}$m 的小立方体时，比表面增长了一千万倍。

表 9-1　分散度与比表面的关系

| 边长/cm | 立方体数量 | 比表面 $A_V/\text{cm}^{-1}$ | 边长/cm | 立方体数量 | 比表面 $A_V/\text{cm}^{-1}$ |
|---|---|---|---|---|---|
| 1 | 1 | 6 | $10^{-4}$ | $10^{12}$ | $6\times10^4$ |
| $10^{-1}$ | $10^3$ | $6\times10$ | $10^{-5}$ | $10^{15}$ | $6\times10^5$ |
| $10^{-2}$ | $10^6$ | $6\times10^2$ | $10^{-6}$ | $10^{18}$ | $6\times10^6$ |
| $10^{-3}$ | $10^9$ | $6\times10^3$ | $10^{-7}$ | $10^{21}$ | $6\times10^7$ |

## 9.1.2　表面功

表面层分子与体相内部分子的受力是不同的。如图 9-1 所示，体相内部分子受周围分子的作用力是对称的，没有剩余力的存在，合力为零；表面层分子一方面受体相内部分子的作用力；另一方面受气相分子的作用力，这两个作用力差别很大，所以表面层存在着剩余力，其合力方向指向溶液本体，该合力有使表面层收缩的趋势。要使一部分分子从体相内部移到表面，就要克服体相内部分子间的引力而做功，这个功也称为表面功。

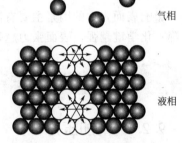

图 9-1　表面层分子受力图

对组成恒定的液体，在等温等压下，可逆地增加表面所得的表面功等于表面吉布斯自由能的增量。

$$\delta W = \sigma dA \tag{9-2}$$

式中，$\sigma$ 称为表面吉布斯自由能。

在表面问题中，化学热力学基本方程式变为：

$$dU = TdS - pdV + \sigma dA + \sum_B \mu_B dn_B \tag{9-3}$$

$$dH = TdS + Vdp + \sigma dA + \sum_B \mu_B dn_B \tag{9-4}$$

$$dF = -SdT - pdV + \sigma dA + \sum_B \mu_B dn_B \tag{9-5}$$

$$dG = -SdT + Vdp + \sigma dA + \sum_B \mu_B dn_B \tag{9-6}$$

$\sigma$ 的广义定义为：$\sigma = \left(\dfrac{\partial U}{\partial A}\right)_{S,V,n_B} = \left(\dfrac{\partial H}{\partial A}\right)_{S,p,n_B} = \left(\dfrac{\partial F}{\partial A}\right)_{T,V,n_B} = \left(\dfrac{\partial G}{\partial A}\right)_{T,p,n_B}$ $\tag{9-7}$

$\sigma$ 的狭义定义为：$\sigma = \left(\dfrac{\partial G}{\partial A}\right)_{T,p,n_B}$ $\tag{9-8}$

## 9.1.3　表面张力

存在于气液表面，能使液体表面收缩的力称为表面张力。它垂直于表面的边界，指向液体方向并与表面相切。表面张力用 $\sigma$ 表示，单位为 N/m。

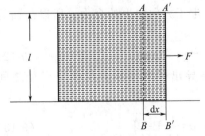

图 9-2　表面张力测量图

表面张力的大小可用如下实验来进行测量。如图 9-2 所示，在金属框上装有忽略摩擦的长度为 $l$ 金属滑竿，将金属框浸入肥皂液中后取出，用 $F$ 大小的作用力将金属滑竿非常缓慢地移动 $dx$ 的距离，使肥皂膜表面积增加 $dA$，则 $dA = 2ldx$。在这个过程中，表面功为：$\delta W = Fdx = \sigma dA = \sigma \cdot 2ldx$，所以：

$$\sigma = \frac{F}{2l} \tag{9-9}$$

表面张力是一切表面现象的根源，常见的表面张力如表 9-2 所示。

表 9-2　293K 时常见物质的表面张力

| 液体/空气 | 表面张力/($\times 10^{-3} \text{N/m}$) | 液体/液体 | 界面张力/($\times 10^{-3} \text{N/m}$) |
|---|---|---|---|
| 水 | 72.75 | 正丁醇/水 | 1.8 |
| 乙醇 | 22.39 | 乙醚/水 | 9.7 |
| 乙二醇 | 46.0 | 苯/水 | 35.0 |
| 苯 | 28.88 | 正庚烷/水 | 5.02 |
| 四氯化碳 | 26.77 | 四氯化碳/水 | 45.0 |
| 甘油 | 63.0 | 液体石蜡/水 | 53.1 |

影响表面张力的因素主要有温度、化学键类型和压力。一般来说，温度升高，表面张力下降；化学键越强，表面张力越强；压力增加，表面张力下降。

# 9.2　弯曲表面下的附加压力

## 9.2.1　附加压力

把水装进毛细管中，呈凹液面；把水银装进毛细管中，呈凸液面。这是因为在曲面中，表面张力形成了向上或向下的合力，我们把表面张力的合力称为附加压力，用 $\Delta p$ 表示。

在平面上，如图 9-3 所示，在选取的边界上的任意一点的两边都存在着表面张力，大小相等，方向相反，合力为零。所以平面上没有附加压力。

$$p_r = p_0 \tag{9-10}$$

在凸面上，如图 9-4 所示，在表面张力的作用下，产生了方向向下的合力。所以凸面的附加压力方向向下。

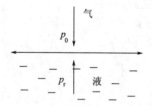

图 9-3　平面附加压力示意图

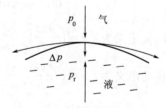

图 9-4　凸面附加压力示意图

$$p_r = p_0 + \Delta p \tag{9-11}$$

在凹面上，如图 9-5 所示，在表面张力的作用下，产生了方向向上的合力。所以凸面的附加压力方向向上。

$$p_r = p_0 - \Delta p \tag{9-12}$$

1805 年 Young-Laplace 导出了附加压力与曲率半径之间的关系式：

一般式为：

$$\Delta p = \sigma \left( \frac{1}{r_1} + \frac{1}{r_2} \right) \tag{9-13}$$

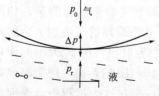

图 9-5　凹面附加压力示意图

式中，$r_1$、$r_2$ 为不同的曲面半径。

特殊式为：
$$\Delta p = \frac{2\sigma}{r} \qquad (9\text{-}14)$$

式中，$r$ 为球面半径。

规定凸面的曲率半径为正，凹面的曲率半径为负，我们就可以把曲面所承受的压力统一表示为：
$$p_r = p_0 + \frac{2\sigma}{r} \qquad (9\text{-}15)$$

### 9.2.2　开尔文方程

凸液面上所受压力大于外界大气压；凹液面上所受压力小于外界大气压。附加压力随曲率半径的变化而变化，液体的性质也会随着附加压力的变化而变化。在通常条件下，液体的蒸气压等于外压时，就可以达到相平衡。但是在曲面中，液体的蒸气压就需要大于或小于外压才可以达到相平衡。

我们假设某个气-液平衡体系：

液体（$T$，$p_1$）$\longrightarrow$ 气体（$T$，$p_g$）

所以：
$$G(\mathrm{l}) = G(\mathrm{g})$$

所以：
$$\left[\frac{\partial G(\mathrm{l})}{\partial p_1}\right]_T \mathrm{d}p_1 = \left[\frac{\partial G(\mathrm{g})}{\partial p_g}\right]_T \mathrm{d}p_g$$

$$V_1 \mathrm{d}p_1 = V_g \mathrm{d}p_g = RT \mathrm{d}\ln p_g$$

$$\int_{p_{1,0}}^{p_1} V_1 \mathrm{d}p_1 = RT \int_{p_{g,0}}^{p_g} \mathrm{d}\ln p_g$$

$$V_1(p_1 - p_{1,0}) = RT \ln \frac{p_g}{p_{g,0}}$$

因为：
$$(p_1 - p_{1,0}) = \Delta p = \frac{2\sigma}{r}$$

所以：
$$\ln \frac{p_g}{p_{g,0}} = \frac{2V_1\sigma}{RTr} = \frac{2\sigma M}{RTr\rho} \qquad (9\text{-}16)$$

上式称为开尔文方程，式中，$\rho$ 为液体密度；$M$ 为液体摩尔质量；$\sigma$ 为液体表面张力；$r$ 为液滴的曲率半径。

开尔文方程表明，小液滴的蒸气压大于平面液体蒸气压。

# 9.3　液体界面的性质

### 9.3.1　吉布斯吸附等温式

溶液的表面张力随着溶质分子的不同和溶液浓度的不同而呈现出不同的特性。在一定温度下，测定出不同溶质水溶液在不同浓度下的表面张力，得到溶液表面张力等温线，如图9-6所示。大体上可以分为三种类型。

第一种类型：如图9-6中曲线Ⅰ所示，溶液的表面张力随溶液浓度增大而增大，常见类型有不挥发性酸、碱、无机盐、具有这种特性的物质称为非表面活性物质。

第二种类型：如图9-6中曲线Ⅱ所示，溶液的表面张力随溶液浓度增大而降低，但降低幅度有限，常见类型有低级的醇、醛、酮等。

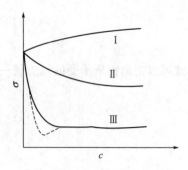

图 9-6　溶液表面张力等温线

第三种类型：如图 9-6 中曲线Ⅲ所示，溶液的表面张力随溶液浓度增大而降低，开始时随浓度增加，表面张力降低幅度加大；达到一定浓度时，曲线趋于平缓，表面张力降低幅度有限。具有这种特性的物质称为表面活性物质。

1878 年吉布斯提出了吉布斯吸附等温式，用如下公式表示：

$$\Gamma = -\frac{c}{RT}\left(\frac{\mathrm{d}\sigma}{\mathrm{d}T}\right)_T \tag{9-17}$$

式中，$\Gamma$ 表示吸附量，单位为 $mol/m^2$，其物理意义为在单位面积的表面层中，所含溶质的物质的量与具有相同数量溶剂的本体溶液中所含溶质的物质的量之差值。

从公式(9-17)可以得到如下结论：

若$\left(\frac{\mathrm{d}\sigma}{\mathrm{d}T}\right)_T>0$，增加溶质的浓度使表面张力升高，$\Gamma$ 为负值，发生负吸附。表面层中溶质浓度低于本体浓度。非表面活性物质属于这种情况。

若$\left(\frac{\mathrm{d}\sigma}{\mathrm{d}T}\right)_T<0$，增加溶质的浓度使表面张力降低，$\Gamma$ 为正值，发生正吸附。表面层中溶质浓度高于本体浓度。表面活性物质属于这种情况。

### 9.3.2　表面活性剂

能够显著降低水的表面张力的物质称为表面活性剂。通常为含 8 个碳原子以上的有机物，含有亲水基和疏水基两种基团。亲水基一般为容易水化的极性基团；疏水基一般为含碳链的非极性基团。

表面活性剂分为离子型表面活性剂和非离子型表面活性剂两个大类。离子型表面活性剂又分为阴离子型表面活性剂、阳离子型表面活性剂和两性型表面活性剂。现将常见的表面活性剂介绍如下：

阴离子型表面活性剂：羧酸盐 $RCOONa$，硫酸酯盐 $ROSO_3Na$，磺酸盐 $RSO_3Na$，磷酸酯盐 $ROPO_3Na$。

阳离子型表面活性剂：伯胺盐 $R—NH_2 \cdot HCl$，仲胺盐 $R—NH(CH_3) \cdot HCl$，叔胺盐 $R—N(CH_3)_2 \cdot HCl$，季铵盐 $[R—N(CH_3)_3]^+ \cdot Cl^-$。

两性型表面活性剂：氨基酸型 $RNHCH_2—CH_2COOH$，甜菜碱型 $RN^+(CH_3)_2—CH_2COO^-$。

非离子型表面活性剂：脂肪醇聚氧乙烯醚 $R—O—(CH_2CH_2O)_nH$，烷基酚聚氧乙烯醚 $R—(C_6H_4)—O(C_2H_4O)_nH$，聚氧乙烯烷基胺 $R_2N—(C_2H_4O)_nH$，聚氧乙烯烷基酰胺 $R—CONH(C_2H_4O)_nH$，多元醇型 $R—COOCH_2(CHOH)_3H$。

表面活性剂都是两亲分子，很难用相同的单位来衡量，为了区分表面活性剂的亲水和亲油能力，所以格里芬提出用 $HLB$ 值来表示表面活性剂的亲水性。$HLB$ 的计算公式为：

$$HLB = \frac{W_1}{W_1+W_2} \times \frac{100}{5} \tag{9-18}$$

式中，$W_1$ 表示亲水基质量；$W_2$ 表示亲油基质量。石蜡无亲水基，所以 $HLB=0$；聚乙二醇全部是亲水基，$HLB = 20$。所以非离子型表面活性剂的 $HLB$ 值介于 $0 \sim 20$ 之间。$HLB$ 范围及用途见表 9-3。

表 9-3　$HLB$ 范围及用途

| $HLB$ 范围 | 1～3 | 3～6 | 7～9 | 8～18 | 13～15 | 15～18 |
|---|---|---|---|---|---|---|
| 用途 | 消泡剂 | W/O 乳化剂 | 润湿剂 | O/W 乳化剂 | 洗涤剂 | 增溶剂 |

表面活性剂是两亲分子，在表面层定向排列，亲水基指向水，疏水基指向空气；当其在表面层排满后，就会有一部分溶解在水中，其非极性部分会自相结合，形成聚集体，使憎水基向里、亲水基向外，这种多分子聚集体称为胶束。胶束与亲水基类型和浓度有关，可呈现棒状、层状或球状等多种形状。开始形成胶束的最低浓度称为临界胶束浓度。

表面活性剂在日常生活及科研、生产中的应用及其广泛。

（1）润湿作用　表面活性剂是两亲分子，可以吸附在固-液界面，降低界面张力。例如，给植物喷洒农药时，植物的叶面是油性的，而农药是亲水性的，则农药在植物叶面不能够润湿，达不到杀虫的效果。在农药中添加一定量的表面活性剂，表面活性剂的亲水基与农药结合，亲油基与植物叶面结合，这样农药就均匀地分布在植物表面，提升杀虫效果。

（2）增溶作用　苯在水中溶解度很小，加入油酸钠等表面活性剂后，苯在水中的溶解度大大增加，这称为增溶作用。增溶作用和普通的溶解还是有明显区别的，苯并不是真正地溶解在水中，而是和油酸钠的亲油基结合，在水中形成胶束。

（3）起泡作用　泡沫就是气体被液体薄膜包围所形成的系统。由于气-液表面张力较大，气泡很容易破裂。向水中加入表面活性剂，就可以形成一定强度的薄膜，包围着空气而形成泡沫。这种表面活性剂称为起泡剂。

（4）洗涤作用　表面活性剂的洗涤作用与润湿、增溶、起泡的联系非常密切。

水中加入表面活性剂后，洗涤剂的憎水基团朝向织物表面和吸附在污垢上，降低污垢与水和固体表面与水的界面张力。然后通过机械搅拌或者人工揉搓的方式，使污垢逐步脱离表面。污垢悬在水中或随泡沫浮到水面后被去除，洁净表面被活性剂分子占领。

# 9.4　润湿现象

润湿是固体表面被液体取代的过程。润湿作用是界面现象的一个重要方面。把水滴在玻璃板上，水在玻璃板上慢慢散开；把水银滴在玻璃板上，水银呈椭球形。液体在固体表面散开，表明液体可以润湿固体，如图 9-7 所示；液体在固体表面收缩成球形，表明液体不润湿固体，如图 9-8 所示。

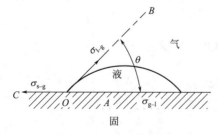

图 9-7　液体润湿固体

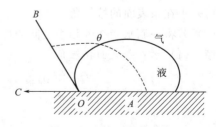

图 9-8　液体不润湿固体

在气、液、固三相交界点，气-液与气-固界面张力之间的夹角称为接触角，用 $\theta$ 表示。

我们用接触角表示液体和固体表面的润湿与否。从图 9-7 中可以看到存在着固-气界面、固-液界面、液-气界面，对应的表面张力表示为，$\sigma_{s-g}$、$\sigma_{s-l}$、$\sigma_{l-g}$。

因为固、液、气三相的接触点 $O$ 处于平衡状态，所以：

$$\sigma_{s-g}=\sigma_{s-l}+\sigma_{l-g}\cos\theta$$

$$\cos\theta=\frac{\sigma_{s-g}-\sigma_{s-l}}{\sigma_{l-g}} \tag{9-19}$$

从公式(9-19)可以看出，在一定温度和压力下：

① 当 $\sigma_{s-g}-\sigma_{s-l}<0$ 时，$\cos\theta<0$，$\theta>90°$，液体与固体表面不润湿。若 $\theta=180°$，则液体和固体表面完全不润湿。

② 当 $\sigma_{s-g}-\sigma_{s-l}>0$ 时，$\cos\theta>0$，$\theta<90°$，液体与固体表面润湿。若 $\theta=0°$，则液体和固体表面完全润湿。

润湿有三种类型，分别为沾湿、浸湿、铺展。

(1) 沾湿　沾湿是指固体和液体从不接触到接触。液体和固体未接触时，存在 $\sigma_{l-g}$ 和 $\sigma_{s-g}$；液体和固体接触时，$\sigma_{l-g}$ 和 $\sigma_{s-g}$ 消失，取而代之的是 $\sigma_{s-l}$。

在等温等压条件下，单位面积的液面与固体表面黏附时对外所做的最大功称为沾湿功，用 $W_a$ 表示。它是液体能否润湿固体的一种量度。沾湿功越大，液体越能润湿固体，液-固结合得越牢。

$$W_a=-\Delta G=-(\sigma_{s-l}-\sigma_{l-g}-\sigma_{s-g}) \tag{9-20}$$

(2) 浸湿　浸湿是指固体浸入液体的过程。固体未浸入液体前，存在 $\sigma_{s-g}$；固体浸入液体后，存在 $\sigma_{s-l}$。

等温、等压条件下，将具有单位表面积的固体可逆地浸入液体中所做的最大功称为浸湿功，用 $W_b$ 表示。它是液体在固体表面取代气体能力的一种量度。浸湿功越大，液体越能润湿固体。

$$W_b=-\Delta G=-(\sigma_{s-l}-\sigma_{s-g}) \tag{9-21}$$

(3) 铺展　铺展是指以固-液界面取代气-固界面的同时，还扩展了气-液界面的过程。

等温、等压条件下，用单位面积的液-固界面取代单位面积的气-固界面并产生单位面积的气-液界面，这个过程所做的功称为铺展系数，用 $S$ 表示。若 $S\geqslant0$，说明液体可以在固体表面自动铺展。

$$S=-\Delta G=-(\sigma_{s-l}+\sigma_{l-g}-\sigma_{s-g}) \tag{9-22}$$

【例 9-1】　298.15K 时，有如下界面张力的数据：$\sigma_{H_2O}=72.8\times10^{-3}$ N/m，$\sigma_{C_6H_6}=28.9\times10^{-3}$ N/m，$\sigma_{Hg}=471.6\times10^{-3}$ N/m，$\sigma_{Hg-H_2O}=375\times10^{-3}$ N/m，$\sigma_{Hg-C_6H_6}=362\times10^{-3}$ N/m，$\sigma_{H_2O-C_6H_6}=32.6\times10^{-3}$ N/m。求：

(1) 水在汞表面的接触角。

(2) 若将一滴水滴在苯和汞之间的界面上，接触角是多少。

**解：**(1) 水在汞表面接触角

$$\cos\theta=\frac{\sigma_{Hg}-\sigma_{Hg-H_2O}}{\sigma_{H_2O}}=\frac{(471.6-375)\times10^{-3}}{72.8\times10^{-3}}=1.3269$$

$$\theta=0°$$

水在汞表面是完全润湿的。

(2) 水在苯-汞表面接触角

$$\cos\theta = \frac{\sigma_{C_6H_6-Hg} - \sigma_{Hg-H_2O}}{\sigma_{H_2O-C_6H_6}} = \frac{(362-375)\times10^{-3}}{32.6\times10^{-3}} = -0.3988$$

$$\theta = 113.5°$$

【例 9-2】 已知以下数据：$\sigma_{H_2O} = 72.8\times10^{-3}\,N/m$，$\sigma_{CS_2} = 31.4\times10^{-3}\,N/m$，$\sigma_{H_2O-CS_2} = 48.4\times10^{-3}\,N/m$

求 CS$_2$ 与水的沾湿功和铺展系数。

**解：** CS$_2$ 与水的沾湿功：

$$W_a = \sigma_{H_2O} + \sigma_{CS_2} - \sigma_{H_2O-CS_2} = [(72.5+31.4-48.4)\times10^{-3}]\,J/m^2 = 55.5\times10^{-3}\,J/m^2$$

CS$_2$ 与水的铺展系数：

$$S = \sigma_{H_2O} - \sigma_{CS_2} - \sigma_{H_2O-CS_2} = [(72.8-31.4-48.4)\times10^{-3}]\,J/m^2 = -7\times10^{-3}\,J/m^2$$

# 9.5 固体表面的吸附

## 9.5.1 吸附等温线的常见类型

固体表面上的原子或分子与液体表面上的原子和分子一样，也存在着剩余力；固体表面由于受加工制造工艺和固体生成过程中的晶格缺陷、空位和位错等因素影响，即使从宏观上看似乎很光滑，但从原子水平上看是凹凸不平的。所以固体表面具有表面原子受力不对称性和表面结构不均匀性。

气体或液体分子富集在固体表面的现象称为吸附。吸附气体或液体分子的物质称为吸附剂，常见的吸附剂有硅胶、分子筛、活性炭等；被吸附的物质称为吸附质。

吸附量是指在标准状态下单位质量的吸附剂吸附的气体的体积，用符号 $\Gamma$ 表示，单位为 cm$^3$/g 或 mol/g。

$$\Gamma = \frac{V}{m} \tag{9-23}$$

也可以表示为：

$$\Gamma = \frac{n}{m} \tag{9-24}$$

在一个吸附过程中，吸附量、温度、吸附质压力是影响吸附的主要因素，它们之间有一定的函数关系。但在实际问题中，为了简化处理问题，我们通常保持一个物理量不变，研究其他两个物理量之间的关系，比如：

保持温度不变，$\Gamma = f(p)$，吸附等温线。

保持压力不变，$\Gamma = f(T)$，吸附等压线。

保持吸附量不变，$p = f(T)$，吸附等量线。

常见的吸附等温线有以下五种类型，见图 9-9。图中 $p/p^*$ 称为比压，$p^*$ 是吸附质在该温度时的饱和蒸气压，$p$ 为吸附质的压力。

类型 I：在 2.5nm 以下微孔吸附剂上的吸附等温线属于这种类型。例如，78K 时 N$_2$ 在活性炭上的吸附及水和苯蒸气在分子筛上的吸附。

类型 II：常称为 S 形等温线。吸附剂孔径大小不一，发生多分子层吸附。在比压接近 1 时，发生毛细管和孔凝现象。

类型 III：这种类型较少见。当吸附剂和吸附质相互作用很弱时会出现这种等温线，如 352K 时 Br$_2$ 在硅胶上的吸附。

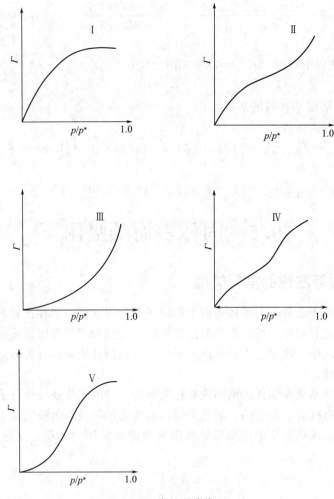

图 9-9 常见吸附类型

类型Ⅳ：多孔吸附剂发生多分子层吸附时会有这种等温线。在比压较高时，有毛细凝聚现象。如在 323K 时苯在氧化铁凝胶上的吸附属于这种类型。

类型Ⅴ：发生多分子层吸附，有毛细凝聚现象。如 373K 时水汽在活性炭上的吸附属于这种类型。

### 9.5.2 Langmuir 吸附理论

1916 年，Langmuir 提出了第一个固-气吸附理论，该理论认为气体在固体表面上的吸附是气体在吸附剂表面上吸附和脱附两种相反过程的动态平衡的结果，并提出了两点假设，推导出了 Langmuir 吸附等温方程。

Langmuir 吸附理论的基本假设：

① 固体表面是均匀的，被吸附分子之间无相互作用。即吸附热和表面无关。

② 吸附是单分子层的。即气体分子只可能被吸附在空白表面处，已发生吸附的表面不再发生吸附。

我们假设达到吸附平衡时，吸附质的分压为 $p$，固体表面的覆盖度为 $\theta$，空白表面为 $(1-\theta)$，吸附速率为 $r_a$，脱附速率为 $r_d$。

则：
$$r_a = k_a p(1-\theta)$$
$$r_d = k_d \theta$$

达到吸附平衡时：
$$r_a = r_d$$

令：$b = \dfrac{k_a}{k_d}$，

所以：
$$\theta = \frac{bp}{1+bp} \tag{9-25}$$

式中，$b$ 为吸附常数，与温度和吸附热有关。

当气体压力很小或吸附很弱时，$bp$ 远小于 1，则：
$$\theta = bp$$

当气体压力很大或吸附很强时，$bp$ 远大于 1，则：
$$\theta = 1，此时达到吸附饱和。$$

当压力适中时，$\theta$ 介于 0 到 1 之间。

也可以用 $V_m$ 表示饱和吸附量，$V$ 表示实际吸附量，所以 $\theta = \dfrac{V}{V_m}$，代入式（9-25）得：
$$V = \frac{V_m bp}{1+bp} \tag{9-26}$$

重排得：
$$\frac{p}{V} = \frac{1}{bV_m} + \frac{p}{V_m} \tag{9-27}$$

其中 $\dfrac{p}{V}$ 和 $p$ 有线性关系，直线的斜率为 $\dfrac{1}{V_m}$，截距为 $\dfrac{1}{bV_m}$。

很多吸附在压力适中时都能够很好地符合 Langmuir 吸附方程，在压力较低时，和 Langmuir 吸附方程有所偏差，这可能是由表面不均匀造成的。

Langmuir 吸附方程对固-气表面吸附做了清晰的阐述，对后面其他类型的吸附等温方程式的建立起到了一定的指导作用。

对于一个吸附质分子吸附时解离成两个粒子的吸附：
$$r_a = k_a p(1-\theta)^2 \qquad r_d = k_d \theta^2$$

达到吸附平衡时：$r_a = r_d$

则：
$$\theta = \frac{b^{\frac{1}{2}} p^{\frac{1}{2}}}{1 + b^{\frac{1}{2}} p^{\frac{1}{2}}} \tag{9-28}$$

式（9-28）也是 Langmuir 吸附等温方程的一个形式。

当 A 和 B 两种粒子都被吸附时，达到吸附平衡时它们的表面覆盖度分别为 $\theta_A$ 和 $\theta_B$，则：
$$\theta_A = \frac{b_A p_A}{1 + b_A p_A + b_B p_B} \tag{9-29}$$

$$\theta_B = \frac{b_B p_B}{1 + b_A p_A + b_B p_B} \tag{9-30}$$

式（9-29）、式（9-30）为混合气体吸附的 Langmuir 吸附等温方程，可以看出，在混合气体吸附过程中，一种气体吸附的增加能减少另一种气体的吸附。

【例 9-3】 用活性炭吸附 $CHCl_3$，在 273K 时的饱和吸附量为 93.8$dm^3$/kg，$CHCl_3$ 在分压为 13.4kPa 时的平衡吸附量为 82.5$dm^3$/kg，该吸附遵循 Langmuir 吸附等温方程，

计算：

（1）Langmuir 吸附等温方程的常数 $b$。

（2）$CHCl_3$ 的分压为 6.67kPa 时的平衡吸附量。

**解：**（1）因为 $\theta = \dfrac{V}{V_m} = \dfrac{bp}{1+bp}$

所以 $b = \dfrac{V}{p(V_m - V)} = \dfrac{82.5}{13.4 \times (93.8 - 82.5)} kPa^{-1} = 0.545 kPa^{-1}$。

（2）$V = \dfrac{V_m bp}{1+bp} = \dfrac{93.8 \times 0.545 \times 6.67}{1 + 0.545 \times 6.67} dm^3/kg = 73.56 dm^3/kg$。

### 9.5.3 Freundlich 吸附等温方程

Freundlich 吸附等温式方程为：

$$\Gamma = kp^{\frac{1}{n}} \tag{9-31}$$

式（9-31）的物理意义是：在等温条件下，吸附量 $\Gamma$ 与吸附质分压 $p$ 的适当次方成正比。$k$、$n$ 为经验常数，与温度和吸附质及吸附剂有关，$k > 0$，$n > 1$。

对式（9-31）两边取对数得：

$$\lg\Gamma = \lg k + \frac{1}{n}\lg p \tag{9-32}$$

$\lg\Gamma$ 对 $\lg p$ 作图可以得一条直线，由直线的斜率和截距可以求得 $\dfrac{1}{n}$ 和 $k$。

Freundlich 吸附等温方程的特点是没有饱和吸附值，可以广泛地应用于物理吸附、化学吸附、溶液吸附。所适用的 $\theta$ 比 Langmuir 吸附等温方程要广一点，但高压条件下 Freundlich 吸附等温方程与实际情况偏差较大。常见气体在活性炭上的等温吸附量见表 9-4。

**表 9-4 常见气体在活性炭上的等温吸附量**

| 吸附质 | 沸点/K | 吸附量/(mL/mg) |
|---|---|---|
| $SO_2$ | 262.9 | 380 |
| $Cl_2$ | 239 | 235 |
| $NH_3$ | 239.6 | 181 |
| $H_2S$ | 212.3 | 99 |
| $CO_2$ | 194.5 | 47.6 |
| $CH_4$ | 111.5 | 16.2 |
| $O_2$ | 90 | 8.2 |
| $H_2$ | 20.3 | 4.7 |

### 9.5.4 BET 吸附等温方程

研究表明，许多吸附都不是单分子层的，即除了和吸附剂表面接触的第一层之外，还有相继多层吸附。Brunauer-Emmett-Teller（布龙瑙尔-埃梅特-特勒）三人提出的多分子层吸附公式简称 BET 公式。

他们接受了 Langmuir 理论中关于固体表面是均匀的和吸附是由吸附和脱附两个相反过程组成的观点，又提出了以下三点假设：

① 吸附是多分子层的（见图 9-10），即发生第一层吸附后，由于范德华力的影响，还可以发生吸附。

② 第一层吸附与第二层吸附不同，第二层及以后各层的吸附热接近于凝聚热。

③ 吸附分子的蒸发和凝聚只发生在暴露于气相的表面上。

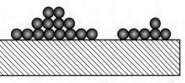

图 9-10　多分子层吸附示意图

在一定温度下，当吸附达到平衡时，气体吸附量等于各层吸附量的总和，BET 公式表示为：

$$V = \frac{V_m C p}{(p_0 - p)\left[1 + (C-1)\dfrac{p}{p_0}\right]} \tag{9-33}$$

式中，$V$ 表示平衡压力 $p$ 时的吸附量；$V_m$ 表示吸附剂表面吸满单分子层的吸附量；$p_0$ 表示实验温度时吸附质的饱和蒸气压；$C$ 表示与吸附热有关的常数；$\dfrac{p}{p_0}$ 表示吸附比压。由于式(9-33) 中含有 $C$ 和 $V_m$ 两个常数，所以式(9-33) 也称为 BET 二常数公式。

BET 公式主要应用于测定固体的比表面，比表面对固体催化剂来说非常重要，它可以反映催化剂的表面状态、孔结构。

为了使用方便，BET 公式可以改写成以下形式：

$$\frac{p}{V(p_0 - p)} = \frac{1}{V_m C} + \frac{(C-1)p}{V_m C p_0} \tag{9-34}$$

以 $\dfrac{p}{V(p_0 - p)}$ 对 $\dfrac{p}{p_0}$ 作图，可以得一条直线，斜率为 $\dfrac{(C-1)}{V_m C}$，截距为 $\dfrac{1}{V_m C}$，斜率和截距相加可得 $\dfrac{1}{V_m}$。从 $V_m$ 可以知道铺满单分子层时的分子数，若知道每个分子的截面积，就可以用以下公式计算吸附剂的总表面积和比表面积。

$$S = A_m L n \tag{9-35}$$

式中，$S$ 表示吸附剂的总表面积；$A_m$ 表示一个吸附质分子的截面积；$L$ 表示阿伏伽德罗常数；$n$ 表示吸附质的摩尔数。

当 $\dfrac{p}{p_0}$ 远小于 1，$C$ 远大于 1 时，式(9-34) 可简化为：

$$V = \frac{V_m p \dfrac{C}{p_0}}{1 + p \dfrac{C}{p_0}} \tag{9-36}$$

令 $b = \dfrac{C}{p_0}$，式(9-36) 变为 Langmuir 吸附等温方程：

$$V = \frac{bp}{1+bp} V_m \tag{9-37}$$

所以可以说 Langmuir 吸附等温方程是 BET 吸附等温方程的一种特殊形式。

也可以将式(9-34) 写成以下形式：

$$\frac{1}{V\left(1 - \dfrac{p}{p_0}\right)} = \frac{1}{V_m} + \frac{1}{V_m C}\left(\frac{1 - \dfrac{p}{p_0}}{\dfrac{p}{p_0}}\right) \tag{9-38}$$

用 $\dfrac{1}{V\left(1-\dfrac{p}{p_0}\right)}$ 对 $\dfrac{1-\dfrac{p}{p_0}}{\dfrac{p}{p_0}}$ 作图可以得到一条直线,截距为 $\dfrac{1}{V_m}$,用这种线性关系可以减小误差。

BET 二常数公式较常用,一般适用于比压在 $0.05\sim0.35$ 之间的吸附。

如果吸附层不是无限的,而是有一定的限制,例如在吸附剂孔道内,至多只能吸附 $n$ 层,则 BET 公式修正为三常数公式:

$$V=V_m\,\frac{Cp}{(p_0-p)}\left[\frac{1-(n+1)\left(\dfrac{p}{p_0}\right)^n+n\left(\dfrac{p}{p_0}\right)^{n+1}}{1+(C-1)\left(\dfrac{p}{p_0}\right)-C\left(\dfrac{p}{p_0}\right)^{n+1}}\right] \tag{9-39}$$

BET 三常数公式一般适用于比压在 $0.35\sim0.60$ 之间的吸附。

气体在固体表面上发生吸附,按吸附分子与固体表面的作用力的情况可以分为两类:物理吸附和化学吸附。

物理吸附具有如下特征:

① 吸附无选择性,可以吸附任何气体,越容易液化的气体越容易吸附。

② 吸附可以是单分子层的,但也可以是多分子层的。

③ 吸附力是由固体和气体分子之间的范德华引力产生的。

④ 吸附热较小,接近于气体的液化热。

⑤ 吸附不需要活化能,不受温度的影响,吸附与解吸速率都很快。

化学吸附具有如下特征:

① 吸附有选择性,吸附剂的活性中心只对某些气体产生吸附。

② 吸附可以是单分子层的,不易解吸。

③ 吸附力的本质是化学键力。

④ 吸附热较大,与化学反应热属同一个级别。

⑤ 吸附需要活化能,温度升高,吸附与解吸速率都加快。

为了方便比较,将物理吸附和化学吸附的区别用如表 9-5 所示的形式表示。

表 9-5　物理吸附和化学吸附的区别

| 特　点 | 物理吸附 | 化学吸附 |
|---|---|---|
| 吸附力 | 范德华力 | 化学键力 |
| 吸附分子层 | 单分子层或多分子层 | 单分子层 |
| 吸附选择性 | 无选择性 | 有选择性 |
| 吸附热 | 较小,相当于气体液化热 | 较大,相当于化学反应热 |
| 吸附速度 | 较快 | 较慢 |
| 吸附活化能 | 不需要 | 需要 |

# 9.6　胶体化学简介

## 9.6.1　分散体系

把一种或几种物质分散在另一种物质中形成的体系称为分散体系。被分散的物质称为分散相；另一种物质称为分散介质。比如在云中，分散相是水，分散介质是空气；牛奶中分散相是乳脂，分散介质是水。

分散体系一般有两种分类的方法。

第一种：按分散相粒子大小分类。

（1）分子分散体系　分散相粒子半径小于$10^{-9}$m的体系称为分子分散体系，也称真溶液。该体系为均相体系，该体系的分散相粒子能通过滤纸和半透膜，扩散速度快，是热力学稳定体系。

（2）胶体分散体系　分散相粒子半径介于$10^{-9} \sim 10^{-7}$m的体系称为胶体分散体系。在现代分类中又将胶体分散体系分为憎液溶胶和亲液溶胶。我们通常所谓的胶体其实是指憎液溶胶，它是一个多相体系，该体系的分散相粒子能通过滤纸，但不能通过半透膜，扩散速度慢，是热力学不稳定体系；亲液溶胶现在也称为大分子溶液，是一个热力学稳定可逆体系。

（3）粗分散体系　分散相粒子半径大于$10^{-7}$m的体系称为粗分散体系。该体系的分散相粒子不能通过滤纸和半透膜，没有扩散，在重力作用下发生沉降。

第二种：按分散相和分散介质的聚集状态分类。

按分散相和分散介质的聚集状态，可以将分散体系分为9类，如表9-6所示。

表9-6　按聚集状态分散体系分类表

| 分散相 | 分散介质 | 实例 | 分散相 | 分散介质 | 实例 |
|---|---|---|---|---|---|
| 气 | 气 | 空气 | 固 | 液 | 泥浆水 |
| 液 | 气 | 雾 | 气 | 固 | 沸石分子筛 |
| 固 | 气 | 烟尘 | 液 | 固 | 珍珠 |
| 气 | 液 | 泡沫 | 固 | 固 | 有色玻璃 |
| 液 | 液 | 牛奶,石油原油 | | | |

在胶体分散体系中也常常按照分散介质的聚集状态来命名胶体分散体系，比如：分散介质为气态，就称为气溶胶；分散介质为液态，就称为液溶胶；分散介质为固态，就称为固溶胶。

## 9.6.2　胶体的特性和胶团

胶体分散体系粒子的大小在$10^{-9} \sim 10^{-7}$m之间，是一个高度分散的多相体系；具有纳米级的粒子是由许多离子或分子聚结而成的，粒子大小不一，结构复杂，与介质之间有明显的相界面，比表面很大，具有极高的比表面自由能，正因为比表面自由能高，所以有自发降低比表面自由能的趋势，即小粒子会自动聚结成大粒子，所以是热力学不稳定体系。

由此可见，特有的分散程度、多相不均匀性、热力学不稳定性是胶体的三大特性。

溶胶的结构由胶核、胶粒和胶团三部分组成。难溶物分子聚结形成胶粒的中心，称为胶核；胶核优先吸附与胶核中离子相同的某种离子，如果没有相同离子，则首先吸附水化能力较弱的负离子，形成紧密吸附层，由于正、负电荷相吸，在紧密层外形成反号离子的包围圈，从而形成带与紧密层相同电荷的胶粒；胶粒与扩散层中的反号离子形成一个电中性的胶团。胶团是电中性的，但在外加电场作用下，胶团的紧密层和扩散层发生分离，向不同方向运动。

如AgI溶胶的制备：

$$AgNO_3 + KI \longrightarrow KNO_3 + AgI$$

若 $AgNO_3$ 过量，则 $AgNO_3$ 为稳定剂，胶团结构为：

$[(AgI)_m \cdot nAg^+ \cdot (n-x)NO_3^-]^{x+} \cdot xNO_3^-$，胶粒带正电。

若 KI 过量，则 KI 为稳定剂，胶团结构为：

$[(AgI)_m \cdot nI^- \cdot (n-x)K^+]^{x-} \cdot xK^+$，胶粒带负电。

### 9.6.3 溶胶的制备与净化

溶胶的制备按照分散相粒子的分散方式分为分散法和凝聚法。分散相粒子由大向小形成胶团的分散方式称为分散法；分散相粒子由小向大形成胶团的分散方式称为凝聚法。

**1. 分散**

分散法包括粉碎法、超声波分散法、电弧法和胶溶法。

（1）粉碎法　该法是利用机械力将脆而易碎的物质粉碎成微粒制备溶胶的方法。常见的设备有球磨机和胶体磨，球磨机分散能力较差，一般用作预处理，达到一定分散程度后，在用胶体磨进行磨细处理。胶体磨结构如图 9-11 所示。

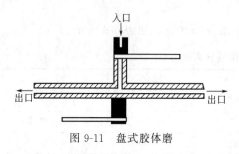

图 9-11　盘式胶体磨

胶体磨有两片靠得很近的磨盘，当上下盘以每分钟 10000～20000 转反向转动时，大颗粒就被磨细，可得 1000nm 左右的粒子。为了防止磨细的粒子重新结合成大微粒，在研磨过程中需要加入研磨稀释剂或在表面活性剂溶液存在下进行湿法研磨。

（2）超声波分散法　超声波分散法在工业生产中有着十分广泛的应用，常用于分散固相和乳化等领域。将频率为 $10^6\,Hz$ 的高频电压加在两个电极上，石英片发生相同频率的振动，高频超声波通过变压器油传入试管，对分散相产生很大的作用力，得到均匀的分散相，从而得到溶胶或乳状液。图 9-12 为超声波分散法装置示意。

（3）电弧法　电弧法主要用于制备金、银、铂等金属溶胶。将金属做成两个电极，浸在水中，盛水的盘子放在冷浴中。在水中加入少量 NaOH 作为稳定剂。制备时在两电极上施加 100V 左右的直流电，调节电极之间的距离，使之发生电火花，这时表面金属蒸发，是分散过程，接着金属蒸气立即被水冷却而凝聚为胶粒。

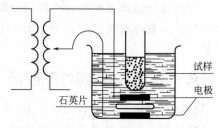

图 9-12　超声波分散法装置示意图

（4）胶溶法　胶溶法是将新鲜生成的沉淀用适当的电解质溶液做稳定剂，在搅拌条件下沉淀重新分散生成溶胶的方法。例如：

$$Fe(OH)_3(新鲜沉淀) \xrightarrow{FeCl_3} Fe(OH)_3(溶胶)$$

$$AgCl(新鲜沉淀) \xrightarrow{AgNO_3} AgCl(溶胶)$$

$$AgCl(新鲜沉淀) \xrightarrow{KCl} AgCl(溶胶)$$

$$SnO_2(新鲜沉淀) \xrightarrow{K_2Sn(OH)_6} SnO_2(溶胶)$$

**2. 凝聚**

凝聚法包括物理凝聚法和化学凝聚法。

（1）物理凝聚法　物理凝聚法分为更换溶剂法和蒸汽骤冷法。更换溶剂法是依据物质在不同溶剂中溶解度的巨大差异的性质来完成的，如松香易溶于乙醇而难溶于水，将松香的乙醇溶液滴入水中可制备松香的水溶胶。蒸汽骤冷法制备溶胶的典型例子就是雾的形成，当气温降低，空气中水的蒸气压大于液体的饱和蒸气压时，在气相中生成新的液相，就是雾。

（2）化学凝聚法　化学凝聚法是把过饱和溶液中分子聚集在一起制备溶胶的方法。例如，$H_2S$ 通入足够稀的 $As_2O_3$ 溶液中，制备 $As_2S_3$ 溶胶；水解反应制备氢氧化铁溶胶等。

$$As_2O_3 + 3H_2S \longrightarrow As_2S_3（溶胶）+ 3H_2O$$
$$FeCl_3 + 3H_2O \longrightarrow Fe(OH)_3（溶胶）+ 3HCl$$

3. 净化

溶胶在制备过程中往往含有很多的电解质和杂质，因此需要对溶胶进行净化。溶胶的净化主要有以下几种方法。

（1）渗析法　将需要净化的溶胶放在半透膜制成的容器内，膜外放纯溶剂，多余的解质离子不断向膜外渗透，经常更换溶剂，就可以净化半透膜容器内的溶胶。

（2）电渗析法　在装有溶胶的半透膜两侧放置正负极，使电解质离子向相应的电极做定向移动，同时不断更换溶剂水，就可以净化半透膜容器内的溶胶。电渗析法净化溶胶速度明显高于渗析法。

（3）超过滤法　利用加压或吸滤的方式使溶胶通过超滤膜，从而除去多余的电解质离子。超过滤法的优点是可以通过控制滤板的孔隙大小将不同粒度的胶粒分开。

### 9.6.4　溶胶的性质

因为胶粒结构的特殊性，溶胶表现出很多特性，主要表现为电动性质、光学性质和动力性质。

（1）电动性质　胶体在形成过程中，若干个难溶物颗粒形成胶核，胶核吸附相同离子或负电荷使其表面带有电荷，并吸附分散介质中的反离子，在其周围形成双电层。双电层由紧密层和扩散层组成，紧密层中的反离子紧挨着固体表面，扩散层中的反离子离固体表面较远，紧密层和扩散层之间为滑动面。在外加电场作用下，胶体内胶粒连同滑动面内的阴离子向阴极迁移，扩散层中的阴离子向阳极迁移，产生动电电势。动电电势表示溶胶内本体溶液无限远处和滑动面之间的电势差，用符号 $\xi$ 表示。双电层和动电电势示意见图 9-13。

溶胶的电动性质包括电泳、电渗、流动电势和沉降电势。

带电胶粒或大分子在外加电场的作用下向带相反电荷的电极做定向移动的现象称为电泳。图 9-14 为电泳装置示意，在 U 形管中加入电解质溶液，将漏斗中溶胶缓慢地滴入 U 形管，并使辅助液和溶胶之间有清晰界面，

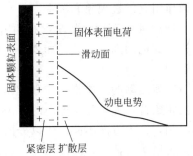

图 9-13　双电层和动电电势示意图

接通电源，一段时间后，电解质溶液和溶胶之间界面的高度发生变化。负溶胶向阳极移动，正溶胶向阴极移动。

在外加电场作用下，带电的介质通过多孔膜或半径为 $1 \sim 10nm$ 的毛细管做定向移动，这种现象称为电渗。图 9-15 为电渗装置示意。将胶体颗粒固定在 U 形管中间，管中装满分散介质，在电场作用下，分散介质向阴极或阳极移动，使管中液体高度发生变化。

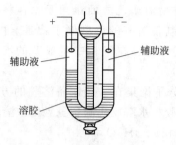

辅助液
辅助液
溶胶

图 9-14　电泳装置示意图

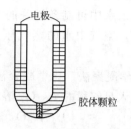

电极
胶体颗粒

图 9-15　电渗装置示意图

溶胶在加压或重力等外力的作用下，流经多孔膜或毛细管时会产生电势差，这种因流动而产生的电势称为流动电势。

在重力场的作用下，带电的胶粒在分散介质中迅速沉降时，使底层与表面层的粒子浓度悬殊，从而产生的电势差称为沉降电势。

（2）光学性质　在昏暗条件下，会聚光照射在胶体溶液中，从垂直于入射光的方向看胶体，可以看到一条锥形光带。这种现象称为丁铎尔效应。

产生这种现象的原因是胶粒直径小于可见光波长，胶粒中的电子受电磁场的作用产生极化，并以入射光相同的频率振动，形成次级光源，向各个方向发射电磁波，发生瑞利散射，由于溶胶是多相不均匀体系，所以散射光不能够互相抵消而产生乳白色光柱。

瑞利公式是关于散射光强度和散射角之间关系的方程，用如下形式表示：

$$I = \frac{24\pi^2 A^2 \nu V^2}{\lambda^4}\left(\frac{n_1^2 - n_2^2}{n_1^2 + 2n_2^2}\right)^2 \tag{9-40}$$

式中，$\lambda$ 表示入射光波长；$A$ 表示入射光振幅；$\nu$ 表示单位体积中粒子数；$V$ 表示每个粒子的体积；$n_1$ 表示分散相折射率；$n_2$ 表示分散介质折射率。

从瑞利公式可以得出如下结论：散射光总能量与入射光波长的四次方成反比，入射光波长愈短，散射愈显著；分散相与分散介质的折射率相差愈大，则散射作用愈明显；散射光强度与单位体积中的粒子数成正比。

（3）动力性质　溶胶的动力性质主要是由胶粒无规则热运动而引起的，包括布朗运动、扩散作用、渗透现象和沉降。

1827 年，英国植物学家布朗用显微镜观察到悬浮在水面上的花粉不停地做不规则运动，同样，其他的细小颗粒，如煤粉、化石粉和矿石粉也有相同的运动。微粒的这种运动称为布朗运动。

布朗运动的本质是：在分散体系中，分散介质分子处于无规则热运动状态，不断地撞击分散相微粒，如果各个方向的撞击力不能够互相抵消，分散相微粒就向合力方向运动，在不同时刻，合力方向不同，所以分散相微粒就向不同方向做无规则运动。

大量实验证明，温度越高，布朗运动越明显；微粒越小，布朗运动越激烈，当微粒大于 $5\mu m$ 时，布朗运动消失。

分散介质对胶粒的撞击示意见图 9-16，胶粒布朗运动示意见图 9-17。

1905 年，爱因斯坦利用分子运动论，推导了布朗运动扩散方程，即

$$\overline{x} = \left(\frac{RT}{L}\cdot\frac{t}{3\pi\eta r}\right)^{\frac{1}{2}} = (2Dt)^{\frac{1}{2}} \tag{9-41}$$

式中，$\overline{x}$ 表示粒子沿 $x$ 方向的平均位移；$t$ 为观察时间；$r$ 为粒子半径；$\eta$ 表示分散介质黏度；$L$ 表示阿伏伽德罗常数；$D$ 表示扩散系数。

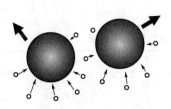

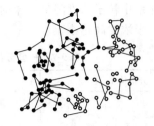

图 9-16　分散介质对胶粒的撞击示意图　　　　　　图 9-17　胶粒布朗运动示意图

溶胶的粒子半径比真溶液的大得多，也具有扩散作用和渗透现象，但并不明显。

扩散现象是指微粒在热运动的推动下由高浓度向低浓度迁移，直到最后浓度均一的过程。

费克根据大量实验数据，发现扩散速度 $\dfrac{dm}{dt}$ 与粒子通过的截面积 $A$ 和浓度梯度 $\dfrac{dc}{dx}$ 成正比，提出了费克第一定律，即

$$\frac{dm}{dt} = -DA\,\frac{dc}{dx} \tag{9-42}$$

式中，$D$ 表示扩散系数，单位为 $m^2/s$，与胶粒半径、分散介质黏度和温度等因素有关。扩散系数的物理意义为：在单位浓度梯度下，单位时间通过单位截面积的胶粒数量。

由式（9-41）可知：

$$D = \frac{RT}{L} \times \frac{1}{6\pi\eta r} \tag{9-43}$$

所以测定了溶胶粒子的扩散系数 $D$，就可以求粒子半径 $r$。同时知道了溶胶的密度 $\rho$ 和粒子半径 $r$，就可以用下面的公式求胶粒的平均摩尔质量。

$$M = \frac{4}{3}\pi r^3 \rho L \tag{9-44}$$

用半透膜将溶液和纯溶剂分开，溶剂分子会透过半透膜向溶液扩散，这种现象称为渗透。由于胶粒不能透过半透膜，而分散介质分子或剩余的电解质离子可以透过半透膜，所以有从化学势高的一方向化学势低的一方自发渗透的趋势。

溶胶的渗透压和依数性都不太明显，在具体计算时，可以用非电解质溶液的渗透压公式：$\pi = cRT$。

在分散体系中，在重力场作用下粒子有沉降的趋势；同时粒子又有扩散作用，扩散作用使粒子趋于分散。当粒子较小时，主要表现为扩散；当粒子较大时，主要表现为沉降；当粒子大小适中时，比如溶胶粒子，在重力作用下形成沉降，导致从上而下形成浓度梯度，扩散作用又会使粒子向浓度梯度的反方向运动，当沉降速度和扩散速度相等时，两种作用趋于平衡，称为沉降平衡。

当溶胶体系达沉降平衡时，胶粒浓度 $c$ 与高度 $h$ 之间的关系可以用高度分布定律表示，即

$$\ln\frac{c_2}{c_1} = -\frac{L}{RT} \times \frac{4}{3}\pi r^3(\rho - \rho_0)(h_2 - h_1)g \tag{9-45}$$

式中，$r$ 表示胶粒半径；$L$ 表示阿伏伽德罗常数；$\rho$ 表示胶粒的密度；$\rho_0$ 表示分散介质的密度；$g$ 表示重力加速度。

由式（9-45）可见，粒子的质量越大，平衡浓度随高度的降低程度越大。表 9-7 列出了

一些分散体系中粒子浓度降低一半时所需高度（半浓度高）的数据，从表中可以看出，粒子半径越大，半浓度高越小。

表 9-7　一些分散体系中粒子浓度随高度的变化情况表

| 分散体系 | 粒子直径 $d$/nm | 半浓度高 $h_{1/2}$/m |
|---|---|---|
| 氧气 | 0.27 | 5000 |
| 粗分散金溶胶 | 1.86 | $2 \times 10^{-7}$ |
| 金溶胶 | 8.36 | $2.5 \times 10^{-2}$ |
| 高度分散的金溶胶 | 1.86 | 2.15 |
| 藤黄悬浮体 | 230 | $3 \times 10^{-5}$ |

### 9.6.5　溶胶的稳定性与聚沉

溶胶在热力学上是不稳定体系，溶胶中高度分散的固体颗粒有相互聚结降低表面自由能的趋势，因此溶胶制备时要加入稳定剂。溶胶在动力学上是稳定体系，一些溶胶可以稳定存在很长时间。溶胶之所以在动力学上具有稳定性，主要有以下几个原因。

（1）动力学稳定性　由于溶胶粒子小，布朗运动激烈，在重力场中不易沉降，因此溶胶具有动力学稳定性。

（2）胶粒带电的稳定性　当粒子相距较远时，以范德华引力为主；当靠近到一定距离，胶粒的双电层重叠，同一种胶体的胶粒带相同电荷，同电相斥，势能升高。这时胶粒要想聚结就必须克服比较大的势垒，所以胶粒具有稳定性。该因素也是溶胶具有稳定性的最主要因素。

（3）溶剂化作用　在溶胶中，胶粒、粒子都是溶剂化的，外面包围了水膜，阻止了胶粒之间的相互聚结。

聚沉值是指使一定量的溶胶在一定时间内完全聚沉所需电解质的最小浓度。从已知的数据可见，对同一溶胶，外加电解质的反号离子价数越高，其聚沉值越小。

聚沉能力是聚沉值的倒数。聚沉值越小的电解质，聚沉能力越强；聚沉值越大的电解质，其聚沉能力越弱。

影响溶胶稳定性的因素有很多，主要表现为以下几个方面。

（1）舒尔茨-哈迪规则（Schulze-Hardy）　溶胶聚沉主要取决于与胶粒带相反电荷的离子的价数，聚沉值与异电性离子价数的六次方成反比。例如：对于带负电的 $As_2S_3$ 溶胶，$KCl$、$MgCl_2$、$AlCl_3$ 的聚沉值分别为 $49.5mol/m^3$、$0.7mol/m^3$、$0.093mol/m^3$，即 $\left(\frac{1}{1}\right)^6 : \left(\frac{1}{2}\right)^6 : \left(\frac{1}{3}\right)^6$。

（2）感胶离子序　与胶粒带相反电荷的离子，即使价数相同，其聚沉能力也有差异，将相同电荷的离子按聚沉能力大小排列的顺序叫感胶离子序。同族正离子对负溶胶的聚沉能力随相对原子质量或离子半径的增大而增强；同族负离子对正溶胶的聚沉能力随相对原子质量或离子半径的增大而减弱。

$H^+ > Cs^+ > Rb^+ > NH_4^+ > K^+ > Na^+ > Li^+$

$IO_3^- > H_2PO_4^- > BrO_3^- > Cl^- > ClO_3^- > Br^- > NO_3^- > ClO_4^- > I^- > SCN^- > NO_3^- > OH^-$

$Ba^{2+} > Sr^{2+} > Ca^{2+} > Mg^{2+}$

（3）有机化合物的影响　有机化合物的离子都有很强的聚沉能力，这可能与其具有强吸附能力有关。

（4）与胶粒带相同电荷的离子的影响　当与胶体带相反电荷的离子相同时，则另一同性离子的价数也会影响聚沉值，价数愈高，聚沉能力愈低。这可能与这些同性离子的吸附作用有关。

（5）带相反电荷的胶体的影响　向溶胶体系中加入带不同电荷的胶粒，胶粒异电相吸而聚沉。

（6）大分子溶液的影响　在溶胶中加入某些大分子溶液，加入的量不同，会出现两种情况：加入大分子溶液较少时，会促使溶胶的聚沉，称为敏化作用。产生这种现象的原因是：当加入的大分子物质的量不足时，溶胶的胶粒黏附在大分子上，大分子起桥梁作用，把胶粒联系在一起，使之更容易聚沉；当加入大分子溶液的量足够多时，会保护溶胶不聚沉。产生这种现象的原因是当溶胶中加入足量大分子溶液后，大分子吸附在胶粒周围起保护溶胶的作用。用"金值"作为大分子化合物保护金溶胶能力的一种量度，金值越小，保护剂的能力越强。

（7）其他因素的影响　胶体体系的温度升高，粒子碰撞机会增多，碰撞强度增加，聚沉的可能性增加；增加胶体体系的浓度，粒子碰撞机会增多，聚沉的可能性增加。

## 习　　题

1. 已知 $CaCO_3$ 在 773.15K 时的分解压力为 101.3kPa，密度为 $3.9×10^3 kg/m^3$，表面张力为 1.210N/m。现将 $CaCO_3$ 研磨成半径为 30nm 的粉末，求 $CaCO_3$ 的分解压力。

2. 在 293.15K 时，水的表面张力为 $72.8×10^{-3} N/m$，汞的表面张力为 $483×10^{-3} N/m$，汞和水界面上的表面张力为 $375×10^{-3} N/m$。试问水能否在汞的表面铺展。

3. 已知雾的粒子质量约为 $10^{-12} g$，水的 $\sigma(293K)=72.8×10^{-3} N/m$，水的 $\rho(293K)=$ $1g/cm^3$。试求在 293K 时，其粒子的蒸气压和平面水的蒸气压的比值。

4. 293K 时，乙醚-水的表面张力为 0.0107N/m，乙醚-汞的表面张力为 0.379N/m，汞-水的表面张力为 0.375N/m。在乙醚和汞的表面上滴一滴水，其接触角为多大？

5. 293K 时，丁酸水溶液的表面张力可以表示为：$\sigma=\sigma_0-a\ln(1+bc)$，式中 $\sigma_0$ 为纯水的表面张力，$a$、$b$ 均为常数。

（1）求丁酸溶液在极稀时的表面吸附量 $\Gamma$ 与浓度 $c$ 之间的关系。

（2）若 $a=13.1×10^{-3} N/m$，$b=19.26dm^{-3}/mol$，计算 $c=0.200mol/dm^3$ 时的表面吸附量。

（3）求丁酸在溶液表面的饱和吸附量 $\Gamma_\infty$。

（4）若达到吸附饱和时丁酸在溶液表面呈单分子层吸附，计算溶液表面上每个丁酸分子的横截面积。

6. 298.15K 时氢化肉桂酸水溶液的表面张力 $\sigma$ 和浓度 $c$ 之间的关系如下表所示：

| $c/(kg/kg)$ | 0.0035 | 0.0040 | 0.0045 |
|---|---|---|---|
| $\sigma×10^3/(N/m)$ | 56.0 | 54.0 | 52.0 |

试求浓度为 0.0041kg/kg 和 0.0050kg/kg 时溶液的表面吸附量 $\Gamma$。

7. 298.15K 时，已知有关表面张力的数据如下：$\sigma_{H_2O}=72.8×10^{-3} N/m$，$\sigma_{C_6H_6}=28.9×$

$10^{-3} \text{N/m}$, $\sigma_{Hg} = 471.6 \times 10^{-3} \text{N/m}$, $\sigma_{Hg-H_2O} = 375 \times 10^{-3} \text{N/m}$, $\sigma_{Hg-C_6H_6} = 362 \times 10^{-3} \text{N/}$ m, $\sigma_{H_2O-C_6H_6} = 32.6 \times 10^{-3} \text{N/m}$.

(1) 若将一滴水滴入苯和汞之间的界面上,其接触角是多大。

(2) 苯能否在汞和水的界面上铺展。

8. 溶液中某种物质在硅胶上的吸附遵循弗仑德里希方程,式中 $k = 6.8$,$\frac{1}{n} = 0.5$,试问把 10g 硅胶加入到 $100\text{cm}^3$ 浓度为 $0.100\text{mol/dm}^3$ 的该溶液中,达吸附平衡后,溶液的浓度为多少。

9. 某温度下测定氧在某催化剂上的吸附作用,当平衡压力为 100kPa 和 1000kPa 时,每 1kg 催化剂吸附氧的量分别为 $2.5\text{m}^3$ 和 $4.2\text{dm}^3$ (已换算成标准状态)。该吸附作用符合兰缪尔方程,试计算当氧的吸附量为饱和值的一半时的平衡压力。

10. 某 $Al(OH)_3$ 溶胶,在加入 KCl 使其最终浓度为 80mmol/L 时恰好聚沉,加入 $K_2C_2O_4$ 使其最终浓度为 0.4mmol/L 时恰好聚沉。

(1) 问 $Al(OH)_3$ 溶胶胶粒带什么电荷。

(2) 若用 $CaCl_2$ 使该溶胶聚沉,所需浓度约为多少。

# 附　　录

## 附表 1　一些物质的热力学数据表

| 物质 | $-\Delta_f H_{298.15K}^{\ominus}$ /(kJ/mol) | $-\Delta_f G_{298.15K}^{\ominus}$ /(kJ/mol) | $S_{298.15K}^{\ominus}$ /[kJ/(mol·K)] | $C_p = a + bT + c'T^{-2} + cT^2$ | | | | 温度范围 /K |
|---|---|---|---|---|---|---|---|---|
| | | | | $a$ /[J/(mol·K)] | $b \times 10^3$ /[J/(mol·K²)] | $c' \times 10^{-5}$ /(J·K/mol) | $c \times 10^6$ /[kJ/(mol·K³)] | |
| Ag(s) | 0.00 | 0.00 | 42.70 | 21.30 | 8.535 | 1.506 | | 298~1234 |
| AgCl(s) | 127.03 | 109.66 | 96.11 | 62.26 | 4.184 | −11.30 | | 298~728 |
| Ag₂CO₃(s) | 81.17 | 12.24 | 167.4 | 79.37 | 108.16 | | | 298~450 |
| AgO(s) | 30.57 | 0.84 | 121.71 | 59.33 | 40.80 | −4.184 | | 298~500 |
| Al(s) | 0.00 | 0.00 | 28.32 | 20.67 | 12.38 | | | 298~932 |
| AlCl₃(s) | 705.34 | 630.20 | 110.7 | 77.12 | 47.83 | | | 298~466 |
| AlF₃(s) | 1489.50 | 1410.01 | 66.53 | 72.26 | 45.86 | −9.632 | | 298~727 |
| Al₂O₃(α) | 1674.43 | 1674.43 | 50.99 | 114.77 | 12.80 | −35.443 | | 298~1800 |
| As(s) | 0.00 | 0.00 | 35.15 | 21.88 | 9.29 | | | 298~1090 |
| As₂O₃(s) | 652.70 | 576.66 | 122.7 | 35.02 | 203.3 | | | 298~548 |
| B(s) | 0.00 | 0.00 | 5.94 | 19.81 | 5.77 | −9.21 | | 298~1700 |
| B₂O₃(s) | 1272.77 | 1193.62 | 53.85 | 57.03 | 73.01 | −14.06 | | 298~723 |
| Ba(α) | 0.00 | 0.00 | 67.78 | 22.73 | 13.18 | −0.28 | | 298~643 |
| BaCl₂(s) | 859.39 | 809.57 | 123.6 | 71.13 | 13.97 | | | 298~1195 |
| BaCO₃(s) | 1216.29 | 1136.13 | 121.2 | 86.90 | 48.95 | −11.97 | | 298~1079 |
| BaO(s) | 553.54 | 523.74 | 70.29 | 53.30 | 4.35 | −8.30 | | 298~1270 |
| Be(s) | 0.00 | 0.00 | 9.54 | 19.00 | 8.58 | −3.35 | | 298~1556 |
| BeO(无定形) | 598.73 | 569.55 | 14.14 | 21.22 | 55.06 | −8.68 | −26.34 | 298~1000 |
| Bi(s) | 0.00 | 0.00 | 56.53 | 22.93 | 10.13 | | | 298~545 |
| Bi₂O₃(α) | 574.04 | 494.83 | 151.5 | 103.5 | 33.47 | | | 298~800 |
| Br₂(g) | −30.91 | −3.166 | 245.3 | 37.36 | 0.46 | −1.29 | | 298~2000 |
| Br₂(l) | 0.00 | 0.00 | 152.2 | 71.55 | | | | 298~334 |
| C(石墨) | 0.00 | 0.00 | 5.74 | 17.16 | 4.27 | −8.79 | | 298~2300 |
| C(金刚石) | −1.90 | −2.901 | 2.38 | 9.12 | 13.22 | −6.20 | | 298~1200 |
| C₂H₂(g) | −226.73 | −20.92 | 200.8 | 43.63 | 31.65 | −7.51 | −6.31 | 298~2000 |
| C₂H₄(g) | −52.47 | −68.41 | 219.2 | 32.63 | 59.83 | | | 298~1200 |
| CH₄(g) | 74.81 | 50.75 | 186.3 | 12.54 | 76.69 | 1.45 | −18.00 | 298~548 |
| C₆H₆(l) | −49.04 | −124.45 | 173.2 | 131.6 | | | | 298~沸点 |
| C₂H₅OH(l) | 277.61 | 174.77 | 160.71 | 111.4 | | | | 298~沸点 |
| CO(g) | 110.5 | 137.12 | 197.6 | 28.41 | 4.10 | −0.46 | | 298~2500 |
| CO₂(g) | 393.52 | 394.39 | 213.7 | 44.14 | 9.04 | −8.54 | | 298~2500 |

| 物质 | $-\Delta_f H_{298.15K}^{\ominus}$ /(kJ/mol) | $-\Delta_f G_{298.15K}^{\ominus}$ /(kJ/mol) | $S_{298.15K}^{\ominus}$ /[kJ/(mol·K)] | $C_p = a+bT+c'T^{-2}+cT^2$ $a$ /[J/(mol·K)] | $b\times10^3$ /[J/(mol·K²)] | $c'\times10^{-5}$ /(J·K/mol) | $c\times10^6$ /[kJ/(mol·K³)] | 温度范围 /K |
|---|---|---|---|---|---|---|---|---|
| $COCl_2(g)$ | 220.08 | 205.79 | 283.7 | 65.01 | 18.17 | −11.14 | −4.98 | 298~2000 |
| $Ca(s)$ | 0.00 | 0.00 | 41.63 | 21.92 | 14.64 | | | 298~737 |
| $CaCl_2(s)$ | 800.82 | 755.87 | 113.8 | 71.88 | 12.72 | −2.51 | | 600~1045 |
| $CaF_2(s)$ | 1221.31 | 116.88 | 68.83 | 59.83 | 30.46 | 1.97 | | 298~1424 |
| $CaO(s)$ | 634.29 | 603.03 | 39.75 | 49.62 | 4.52 | −6.95 | | 298~2888 |
| $Ca(OH)_2(s)$ | 986.21 | 898.63 | 83.39 | 105.3 | 11.95 | −18.97 | | 298~1000 |
| $CaS(s)$ | 476.14 | 471.05 | 56.48 | 42.68 | 15.90 | | | 298~1000 |
| $CaSiO_3(s)$ | 1584.06 | 1559.93 | 82.00 | 111.5 | 15.06 | 27.28 | | 298~1463 |
| $CaSiO_4(s)$ | 2255.08 | 2138.47 | 120.5 | 113.6 | 82.01 | | | 298~948 |
| $CaSO_4(s)$ | 1432.60 | 1334.84 | 160.7 | 70.21 | 98.74 | | | 298~1400 |
| $Cd(s)$ | 0.00 | 0.00 | 51.46 | 22.22 | 12.30 | | | 298~594 |
| $CdCl_2(s)$ | 391.62 | 344.25 | 115.5 | 66.94 | 32.22 | | | 298~841 |
| $CdO(s)$ | 255.64 | 226.09 | 54.81 | 40.38 | 8.70 | | | 298~1200 |
| $CdS(s)$ | 149.36 | 145.09 | 69.04 | 53.97 | 3.77 | | | 298~1300 |
| $Cl_2(g)$ | 0.00 | 0.00 | 223.01 | 36.90 | 0.25 | −2.85 | | 298~3000 |
| $Co(s)$ | 0.00 | 0.00 | 30.04 | 19.83 | 16.74 | | | 298~700 |
| $CoO(s)$ | 238.91 | 215.18 | 52.93 | 48.28 | 8.54 | 1.67 | | 298~1800 |
| $Cr(s)$ | 0.00 | 0.00 | 23.77 | 19.79 | 12.84 | −0.259 | — | 298~2176 |
| $CrCl_2(s)$ | 405.85 | 366.67 | 115.3 | 63.72 | 22.18 | | | 298~1088 |
| $Cr_2O_3(s)$ | 1129.68 | 1048.05 | 81.17 | 119.37 | 9.20 | −15.65 | | 298~1800 |
| $Cu(s)$ | 0.00 | 0.00 | 33.35 | 22.64 | 6.28 | | | 298~1357 |
| $CuSO_4(s)$ | 769.98 | 600.87 | 109.2 | 73.41 | 152.9 | −12.31 | −71.59 | 298~1078 |
| $CuO(s)$ | 155.85 | 120.85 | 42.59 | 43.83 | 16.77 | −5.88 | | 298~1359 |
| $CuS(s)$ | 48.53 | 48.91 | 66.53 | 44.35 | 11.05 | | | 298~1273 |
| $Cu_2O(s)$ | 170.29 | 147.56 | 92.93 | 56.57 | 29.29 | | | 298~1509 |
| $Cu_2S(s)$ | 79.50 | 86.14 | 120.9 | 81.59 | | | | 298~376 |
| $F_2(g)$ | 0.00 | 0.00 | 203.3 | 34.69 | 1.84 | −3.35 | | 298~2000 |
| $Fe(\alpha)$ | 0.00 | 0.00 | 27.15 | 17.49 | 24.77 | | | 298~1033 |
| $FeCl_2(s)$ | 342.25 | 303.49 | 120.1 | 79.25 | 8.70 | −4.90 | | 298~950 |
| $FeCl_3(s)$ | 399.40 | 334.03 | 142.3 | 62.34 | 115.1 | | | 298~577 |
| $FeCO_3(s)$ | 740.57 | 667.69 | 95.88 | 48.66 | 112.1 | | | 298~800 |
| $FeS(\alpha)$ | 95.40 | 97.87 | 67.36 | 21.72 | 110.5 | | | 298~411 |
| $FeS(\beta)$ | 86.15 | 96.14 | 92.59 | 72.80 | | | | 411~598 |
| $FeS_2(s)$ | 177.40 | 166.06 | 52.93 | 74.81 | 5.52 | −12.76 | | 298~1000 |
| $FeSi(s)$ | 78.66 | 83.54 | 62.34 | 44.85 | 17.99 | | — | 298~900 |
| $FeTiO_3(s)$ | 1246.41 | 1169.09 | 105.9 | 116.6 | 18.24 | −20.04 | | 298~1743 |
| $FeO(s)$ | 272.04 | 251.50 | 60.75 | 50.80 | 8.614 | −3.309 | | 298~1650 |
| $Fe_2O_3(s)$ | 825.5 | 743.72 | 87.44 | 98.28 | 77.82 | −14.85 | | 298~953 |
| $Fe_3O_4(s)$ | 1118.38 | 1015.53 | 146.4 | 86.27 | 208.9 | | | 298~866 |
| $Fe_2SiO_4(s)$ | 1479.88 | 1379.16 | 145.2 | 152.8 | 39.16 | −28.03 | | 298~1493 |
| $Fe_3C(s)$ | −22.59 | −18.39 | 101.3 | 82.17 | 83.68 | | | 298~463 |
| $Ga(s)$ | 0.00 | 0.00 | 40.88 | 25.90 | | | | 298~303 |
| $Ge(s)$ | 0.00 | 0.00 | 31.17 | 25.02 | 3.43 | −2.34 | | 298~1213 |
| $H_2(g)$ | 0.00 | 0.00 | 130.6 | 27.28 | 3.26 | 0.502 | | 298~3000 |
| $HCl(g)$ | 92.31 | 95.23 | 186.6 | 26.53 | 4.60 | 2.59 | | 298~2000 |
| $H_2O(g)$ | 242.46 | 229.24 | 188.7 | 30.00 | 10.71 | 0.33 | | 298~2500 |

| 物质 | $-\Delta_f H_{298.15K}^{\ominus}$ /(kJ/mol) | $-\Delta_f G_{298.15K}^{\ominus}$ /(kJ/mol) | $S_{298.15K}^{\ominus}$ /[kJ/(mol·K)] | $C_p = a + bT + c'T^{-2} + cT^2$ | | | | 温度范围 /K |
|---|---|---|---|---|---|---|---|---|
| | | | | $a$ /[J/(mol·K)] | $b×10^3$ /[J/(mol·K$^2$)] | $c'×10^{-5}$ /(J·K/mol) | $c×10^6$ /[kJ/(mol·K$^3$)] | |
| $H_2O(l)$ | 285.84 | 237.25 | 70.08 | 75.44 | | | | 273~373 |
| $H_2S(g)$ | 20.50 | 33.37 | 205.7 | 29.37 | 15.40 | | | 298~1800 |
| $Hg(l)$ | 0.00 | 0.00 | 76.02 | 30.38 | −11.46 | 10.15 | | 298~630 |
| $Hg_2Cl_2(s)$ | 264.85 | 210.48 | 192.5 | 99.11 | 23.22 | −3.64 | | 298~655 |
| $HgCl_2(s)$ | 230.12 | 184.07 | 144.5 | 69.99 | 20.28 | −1.89 | | 298~550 |
| $I_2(s)$ | 0.00 | 0.00 | 116.14 | −50.64 | 246.91 | 27.974 | | 298~387 |
| $I_2(g)$ | −62.42 | −19.37 | 260.6 | 37.40 | 0.569 | −0.619 | | 298~2000 |
| $K(g)$ | 0.00 | 0.00 | 71.92 | 7.84 | 17.19 | | | 298~336 |
| $KCl(s)$ | 436.68 | 406.62 | 82.55 | 40.02 | 25.47 | 3.65 | | 298~1044 |
| $La(s)$ | 0.00 | 0.00 | 56.90 | 25.82 | 6.69 | | | 298~1141 |
| $Li(s)$ | 0.00 | 0.00 | 29.08 | 13.94 | 34.36 | | | 298~454 |
| $LiCl(s)$ | 408.27 | 384.05 | 59.30 | 41.42 | 23.40 | | | 298~883 |
| $Mg(s)$ | 0.00 | 0.00 | 32.68 | 22.30 | 10.25 | −0.43 | | 298~923 |
| $MgCO_3(s)$ | 1096.21 | 1012.68 | 65.69 | 77.91 | 57.74 | −17.41 | | 298~750 |
| $MgCl_2(s)$ | 641.41 | 591.90 | 89.54 | 79.08 | 5.94 | −8.62 | | 298~987 |
| $MgO(s)$ | 601.24 | 568.98 | 26.94 | 48.98 | 3.14 | −11.44 | | 298~3098 |
| $Mn(s)$ | 0.00 | 0.00 | 32.01 | 23.85 | 14.14 | −1.57 | | 298~990 |
| $MnCO_3(s)$ | 894.96 | 817.62 | 85.77 | 92.01 | 38.91 | −19.62 | | 298~700 |
| $MnCl_2(s)$ | 482.00 | 441.23 | 118.20 | 75.48 | 13.22 | −5.73 | | 298~923 |
| $MnO(s)$ | 384.93 | 362.67 | 59.83 | 46.48 | 8.12 | −3.68 | | 298~1800 |
| $MnO_2(s)$ | 520.07 | 465.26 | 53.14 | 69.45 | 10.21 | −16.23 | | 298~523 |
| $Mo(s)$ | 0.00 | 0.00 | 28.58 | 21.71 | 6.94 | | | 298~2890 |
| $MoO_3(s)$ | 745.17 | 668.19 | 77.82 | 75.19 | 32.64 | −8.79 | | 298~1068 |
| $N_2(g)$ | 0.00 | 0.00 | 191.50 | 27.87 | 4.268 | | | 298~2500 |
| $NH_3(g)$ | 46.19 | 16.58 | 192.3 | 29.75 | 25.10 | −1.55 | | 298~1800 |
| $NH_4Cl(g)$ | 314.55 | 203.25 | 94.98 | 38.87 | 160.2 | | | 298~458 |
| $No(g)$ | −90.29 | −86.77 | 210.66 | 27.58 | 7.44 | −0.15 | −1.43 | 298~3000 |
| $NO_2(g)$ | −33.10 | −51.24 | 239.91 | 35.69 | 22.91 | −4.70 | −6.33 | 298~1500 |
| $N_2O_4(g)$ | −9.079 | −97.68 | 304.26 | 128.32 | 1.60 | −128.6 | 24.78 | 298~3000 |
| $Na(s)$ | 0.00 | 0.00 | 51.17 | 14.79 | 44.23 | | | 298~371 |
| $NaCl(s)$ | 411.12 | 384.14 | 72.13 | 45.94 | 16.32 | | | 298~1074 |
| $NaOH(s)$ | 428.92 | 381.96 | 64.43 | 71.76 | −110.9 | | 235.8 | 298~568 |
| $Na_2CO_3(s)$ | 1130.77 | 1048.27 | 138.78 | 11.02 | 244.40 | 24.49 | | 298~723 |
| $Na_2O(s)$ | 417.98 | 379.30 | 75.06 | 66.22 | 43.87 | −8.13 | −14.09 | 298~1023 |
| $Na_2SO_4(s)$ | 1387.20 | 1269.57 | 149.62 | 82.32 | 154.4 | | | 298~522 |
| $Nb(s)$ | 0.00 | 0.00 | 36.40 | 23.72 | 2.89 | | | 298~2740 |
| $Nb_2O_5(s)$ | 1902.04 | 1768.50 | 137.24 | 154.39 | 21.42 | −25.52 | | 298~1785 |
| $Ni(s)$ | 0.00 | 0.00 | 29.88 | 32.64 | −1.80 | −5.59 | | 298~630 |
| $NiCl_2(s)$ | 305.43 | 258.98 | 97.70 | 73.22 | 13.22 | −4.98 | | 298~1303 |
| $NiO(s)$ | 248.58 | 220.47 | 38.07 | 50.17 | 157.23 | 16.28 | | 298~525 |
| $NiS(s)$ | 92.88 | 94.54 | 67.36 | 38.70 | 53.56 | | | 298~600 |
| $O_2(g)$ | 0.00 | 0.00 | 205.04 | 29.96 | 4.184 | −1.67 | | 298~3000 |
| $P(黄)$ | −17.45 | −12.01 | 41.09 | 19.12 | 15.82 | | | 298~317 |
| $P(红)$ | 0.00 | 0.00 | 22.80 | 16.95 | 14.89 | | | 298~870 |
| $P_4(g)$ | −128.74 | | 279.90 | 81.85 | 0.68 | −13.44 | | 298~2000 |
| $P_2O_5(s)$ | 1548.08 | 1422.26 | 135.98 | | | | | |

| 物质 | $-\Delta_f H_{298.15K}^{\ominus}$ /(kJ/mol) | $-\Delta_f G_{298.15K}^{\ominus}$ /(kJ/mol) | $S_{298.15K}^{\ominus}$ /[kJ/(mol·K)] | $C_p = a + bT + c'T^{-2} + cT^2$ | | | | 温度范围 /K |
|---|---|---|---|---|---|---|---|---|
| | | | | $a$ /[J/(mol·K)] | $b \times 10^3$ /[J/(mol·K²)] | $c' \times 10^{-5}$ /(J·K/mol) | $c \times 10^6$ /[kJ/(mol·K³)] | |
| Pb(s) | 0.00 | 0.00 | 64.81 | 23.55 | 9.74 | | | 298~601 |
| PbO(s) | 219.28 | 188.87 | 65.27 | 41.46 | 15.33 | | | 298~762 |
| PbO₂(s) | 270.08 | 212.48 | 76.57 | 53.14 | 32.64 | | | 298~1000 |
| PbS(s) | 100.42 | 98.78 | 91.21 | 46.43 | 10.26 | | | 298~1387 |
| PbSO₄(s) | 918.39 | 811.62 | 148.53 | 45.86 | 129.70 | 15.57 | | 298~1139 |
| Rb(s) | 0.00 | 0.00 | 75.73 | 13.68 | 57.66 | | | 298~312 |
| S(斜方) | 0.00 | 0.00 | 31.92 | 14.98 | 26.11 | | | 298~369 |
| S(单斜) | −2.07 | −0.249 | 38.03 | 14.90 | 29.12 | | | 369~388 |
| S(g) | −278.99 | −238.50 | 167.78 | 21.92 | −0.46 | 1.86 | | 298~2000 |
| S₂(g) | −129.03 | −72.40 | 228.07 | 35.73 | 1.17 | −3.31 | | 298~2000 |
| SO₂(g) | 296.90 | 298.40 | 248.11 | 43.43 | 10.63 | −5.94 | | 298~1800 |
| SO₃(g) | 395.76 | 371.06 | 256.6 | 57.15 | 27.35 | −12.91 | −7.728 | 298~2000 |
| Sb(s) | 0.00 | 0.00 | 45.52 | 22.34 | 8.954 | | | 298~903 |
| Sb₂O₅(s) | 971.94 | 829.34 | 125.10 | 45.81 | 240.9 | | | 298~500 |
| Se(s) | 0.00 | 0.00 | 41.97 | 15.99 | 30.20 | | | 273~423 |
| Si(s) | 0.00 | 0.00 | 18.82 | 22.82 | 3.86 | −3.54 | | 298~1685 |
| SiC(s) | 73.22 | 70.85 | 16.61 | 50.79 | 1.950 | −49.20 | 8.20 | 298~3259 |
| SiCl₄(l) | 686.93 | 620.33 | 241.36 | 140.16 | | | | 298~331 |
| SiCl₄(g) | 653.88 | 587.05 | 341.97 | 106.24 | 0.96 | −14.77 | | 298~2000 |
| SiO₂(α) | 910.86 | 856.50 | 41.46 | 43.92 | 38.81 | −9.68 | | 298~847 |
| SiO₂(β) | 875.93 | 840.42 | 104.71 | 58.91 | 10.04 | | | 847~1696 |
| Sn(白) | 0.00 | 0.00 | 51.55 | 21.59 | 18.16 | | | 298~505 |
| Sn(灰) | −2.51 | −4.53 | 44.77 | 18.49 | 26.36 | | | 298~505 |
| SnCl₂(s) | 325.10 | 281.82 | 129.70 | 67.78 | 38.74 | | | 298~520 |
| SnO(s) | 285.77 | 256.69 | 56.48 | 39.96 | 14.64 | | | 298~1273 |
| SnO₂(s) | 580.74 | 519.86 | 52.3 | 73.89 | 10.04 | −21.59 | | 298~1500 |
| Sr(S) | 0.00 | 0.00 | 52.3 | 22.22 | 13.89 | | | 298~862 |
| SrCl₂(s) | 829.27 | 782.02 | 117.15 | 76.15 | 10.21 | | | 298~1003 |
| SrO(s) | 603.33 | 573.40 | 54.39 | 51.63 | 4.69 | −7.56 | | 298~1270 |
| SrO₂(s) | 654.38 | 593.90 | 54.39 | 73.97 | 18.41 | | | 298~1800 |
| Th(s) | 0.00 | 0.00 | 53.39 | 24.15 | 10.66 | | | 298~800 |
| ThCl₄(s) | 1190.35 | 1096.45 | 184.31 | 126.98 | 13.56 | −9.12 | | 298~679 |
| ThO₂(s) | 1226.75 | 1169.19 | 65.27 | 69.66 | 8.91 | −9.37 | | 298~2500 |
| Ti(s) | 0.00 | 0.00 | 30.65 | 22.16 | 10.28 | | | 298~1155 |
| TiC(s) | 190.37 | 186.78 | 24.27 | 49.95 | 0.98 | −14.77 | 1.89 | 298~3290 |
| TiCl₂(s) | 515.47 | 465.91 | 87.36 | 65.36 | 18.02 | −3.46 | | 298~1300 |
| TiCl₄(s) | 763.16 | 726.84 | 354.80 | 107.18 | 0.47 | −10.55 | | 298~2000 |
| U(s) | 0.00 | 0.00 | 51.46 | 10.92 | 37.45 | 4.90 | | 298~941 |
| V(s) | 0.00 | 0.00 | 28.79 | 20.50 | 10.79 | 0.84 | | 298~2190 |
| V₂O₅(s) | 1557.70 | 1549.02 | 130.96 | 194.72 | −16.32 | −55.31 | | 298~943 |
| W(s) | 0.00 | 0.00 | 32.66 | 22.92 | 4.69 | | | 298~2500 |
| Zn(s) | 0.00 | 0.00 | 41.63 | 22.38 | 10.04 | | | 298~693 |
| ZnO(s) | 348.11 | 318.12 | 43.51 | 48.99 | 5.10 | −9.12 | | 298~1600 |
| ZnS(s) | 201.67 | 196.96 | 57.74 | 50.89 | 5.19 | −5.69 | | 298~1200 |
| Zr(s) | 0.00 | 0.00 | 38.91 | 21.97 | 11.63 | | | 298~1135 |
| ZrC(s) | 196.65 | 193.27 | 33.32 | 51.12 | 3.38 | −12.98 | | 298~3500 |
| ZrCl₄(s) | 981.98 | 889.03 | 173.01 | 133.45 | 0.16 | −12.12 | | 298~710 |
| ZrO₂(s) | 1094.12 | 1036.43 | 50.36 | 69.62 | 7.53 | −14.06 | | 298~1478 |

| 有机物 | $\Delta_c H_m^{\ominus}(298.15K)$ /(kJ/mol) | 有机物 | $\Delta_c H_m^{\ominus}(298.15K)$ /(kJ/mol) |
|---|---|---|---|
| $CH_4(g)$ | $-890.31$ | $CH_3COCH_3(l)$ | $-1790.42$ |
| $C_2H_2(g)$ | $-1299.59$ | $C_2H_5COC_2H_5(l)$ | $-2730.9$ |
| $C_2H_4(g)$ | $-1410.98$ | $HCOOH(l)$ | $-254.64$ |
| $C_2H_6(g)$ | $-1599.84$ | $CH_3COOH(l)$ | $-870.3$ |
| $C_3H_8(g)$ | $-2219.07$ | $HCOCH_3(l)$ | $-979.5$ |
| $C_4H_{10}(g)$（正丁烷） | $-2878.34$ | $C_6H_5COOH(l)$ | $-3226.7$ |
| $C_4H_{10}(l)$（异丁烷） | $-2871.5$ | $C_6H_5COOCH_3(l)$ | $-3957.6$ |
| $C_5H_{12}(g)$ | $-3509.5$ | $C_7H_6O_3(s)$ | $-3022.5$ |
| $C_6H_6(g)$ | $-3267.7$ | $CHCl_3(l)$ | $-373.2$ |
| $C_6H_{12}(l)$ | $-3919.86$ | $CH_3Cl(g)$ | $-689.1$ |
| $C_7H_8(l)$ | $-3925.4$ | $C_6H_5NO_2(l)$ | $-3091.2$ |
| $C_{10}H_8(l)$ | $-5153.9$ | $C_6H_5NH_2(l)$ | $-3396.2$ |
| $CH_3OH(l)$ | $-726.64$ | $C$（石墨） | $-393.5$ |
| $C_2H_5OH(l)$ | $-1366.91$ | $CO(g)$ | $-282.96$ |
| $C_6H_5OH(s)$ | $-3053.48$ | $H_2(g)$ | $-285.8$ |
| $HCHO(g)$ | $-570.78$ | | |

| 电极 | 电极反应 | $\varphi^{\ominus}/V$ |
|---|---|---|
| | 第一类电极 | |
| $Li^+\mid Li$ | $Li^+ + e \Longrightarrow Li$ | $-3.01$ |
| $Rb^+\mid Rb$ | $Rb^+ + e \Longrightarrow Rb$ | $-2.98$ |
| $K^+\mid K$ | $K^+ + e \Longrightarrow K$ | $-2.92$ |
| $Ba^{2+}\mid Ba$ | $Ba^{2+} + 2e \Longrightarrow Ba$ | $-2.98$ |
| $Sr^{2+}\mid Sr$ | $Sr^{2+} + 2e \Longrightarrow Sr$ | $-2.89$ |
| $Ca^{2+}\mid Ca$ | $Ca^{2+} + 2e \Longrightarrow Ca$ | $-2.84$ |
| $Na^+\mid Na$ | $Na^+ + e \Longrightarrow Na$ | $-2.713$ |
| $Mg^{2+}\mid Mg$ | $Mg^{2+} + 2e \Longrightarrow Mg$ | $-2.38$ |
| $Al^{3+}\mid Al$ | $Al^{3+} + 3e \Longrightarrow Al$ | $-1.66$ |
| $Mn^{2+}\mid Mn$ | $Mn^{2+} + 2e \Longrightarrow Mn$ | $-1.05$ |
| $Zn^{2+}\mid Zn$ | $Zn^{2+} + 2e \Longrightarrow Zn$ | $-0.763$ |
| $Cr^{3+}\mid Cr$ | $Cr^{3+} + 3e \Longrightarrow Cr$ | $-0.71$ |
| $Ca^{3+}\mid Ca$ | $Ca^{3+} + 3e \Longrightarrow Ca$ | $-0.56$ |
| $Fe^{2+}\mid Fe$ | $Fe^{2+} + 2e \Longrightarrow Fe$ | $-0.44$ |
| $Cd^{2+}\mid Cd$ | $Cd^{2+} + 2e \Longrightarrow Cd$ | $-0.402$ |
| $In^{3+}\mid In$ | $In^{3+} + 3e \Longrightarrow In$ | $-0.338$ |
| $Tl^+\mid Tl$ | $Tl^+ + e \Longrightarrow Tl$ | $-0.335$ |
| $Co^{2+}\mid Co$ | $Co^{2+} + 2e \Longrightarrow Co$ | $-0.27$ |
| $Ni^{2+}\mid Ni$ | $Ni^{2+} + 2e \Longrightarrow Ni$ | $-0.23$ |
| $Sn^{2+}\mid Sn$ | $Sn^{2+} + 2e \Longrightarrow Sn$ | $-0.140$ |
| $Pb^{2+}\mid Pb$ | $Pb^+ + 2e \Longrightarrow Pb$ | $-0.126$ |
| $Fe^{3+}\mid Fe$ | $Fe^{3+} + 3e \Longrightarrow Fe$ | $-0.036$ |
| $2H^+\mid H_2$ | $2H_+ + 2e \Longrightarrow H_2$ | $0.000$ |

| 电极 | 电极反应 | $\varphi^{\ominus}/V$ |
|---|---|---|
| $Cu^{2+}\mid Cu$ | $Cu^{2+}+2e=\!\!=\!\!=Cu$ | 0.34 |
| $Cu^{+}\mid Cu$ | $Cu^{+}+2e=\!\!=\!\!=Cu$ | 0.52 |
| $Hg_2^{2+}\mid 2Hg$ | $Hg_2^{2+}+2e=\!\!=\!\!=2Hg$ | 0.789 |
| $Ag^{+}\mid Ag$ | $Ag^{+}+e=\!\!=\!\!=Ag$ | 0.799 |
| $Hg^{2+}\mid Hg$ | $Hg^{2+}+2e=\!\!=\!\!=Hg$ | 0.854 |
| $Pt^{2+}\mid Pt$ | $Pt^{2+}+2e=\!\!=\!\!=Pt$ | 1.2 |
| $Au^{3+}\mid Au$ | $Au^{3+}+3e=\!\!=\!\!=Au$ | 1.42 |
| $Au^{+}\mid Au$ | $Au^{+}+e=\!\!=\!\!=Au$ | 1.7 |
| $Te\mid Te^{2-}$ | $Te+2e=\!\!=\!\!=Te^{2-}$ | $-0.95$ |
| $Se\mid Se^{2-}$ | $Se+2e=\!\!=\!\!=Se^{2-}$ | $-0.78$ |
| $S\mid S^{2-}$ | $S+2e=\!\!=\!\!=S^{2-}$ | $-0.51$ |
| $O_2\mid OH^-$ | $\frac{1}{2}O_2+H_2O+2e=\!\!=\!\!=2OH^-$ | 0.401 |
| $I_2\mid 2I^-$ | $I_2+2e=\!\!=\!\!=2I^-$ | 0.536 |
| $Br_2\mid 2Br^-$ | $Br_2+2e=\!\!=\!\!=2Br^-$ | 1.066 |
| $Cl_2\mid 2Cl^-$ | $Cl_2+2e=\!\!=\!\!=2Cl^-$ | 1.358 |
| $F_2\mid 2F^-$ | $F_2+2e=\!\!=\!\!=2F^-$ | 2.85 |
| 第二类电极 | | |
| $Ag\mid Ag_2S\mid S^{2-}$ | $Ag_2S+2e=\!\!=\!\!=2Ag+S^{2-}$ | $-0.705$ |
| $Pb\mid PbSO_4\mid SO_4^{2-}$ | $PbSO_4+2e=\!\!=\!\!=Pb+SO_4^{2-}$ | $-0.351$ |
| $Ag\mid AgI\mid I^-$ | $AgI+e=\!\!=\!\!=Ag+I^-$ | $-0.152$ |
| $Hg\mid Hg_2I_2\mid 2I^-$ | $Hg_2I_2+2e=\!\!=\!\!=2Hg+2I^-$ | 0.0405 |
| $Ag\mid AgBr\mid Br^-$ | $AgBr+e=\!\!=\!\!=Ag+Br^-$ | 0.071 |
| $Hg\mid Hg_2Br_2\mid 2Br^-$ | $Hg_2Br_2+2e=\!\!=\!\!=2Hg+2Br^-$ | 0.140 |
| $Ag\mid AgCl\mid Cl^-$ | $AgCl+e=\!\!=\!\!=Ag+Cl^-$ | 0.222 |
| $Hg\mid Hg_2Cl_2\mid 2Cl^-$ | $Hg_2Cl_2+2e=\!\!=\!\!=2Hg+2Cl^-$ | 0.268 |
| $Hg\mid Hg_2SO_4\mid SO_4^{2-}$ | $Hg_2SO_4+2e=\!\!=\!\!=2Hg+SO_4^{2-}$ | 0.615 |
| 第三类电极 | | |
| $Cr^{3+},Cr^{2+}\mid Pt$ | $Cr^{3+}+e=\!\!=\!\!=Cr^{2+}$ | $-0.41$ |
| $Sn^{4+},Sn^{2+}\mid Pt$ | $Sn^{4+}+2e=\!\!=\!\!=Sn^{2+}$ | 0.15 |
| $Fe(CN)_6^{3-},Fe(CN)_6^{4-}\mid Pt$ | $Fe(CN)_6^{3-}+e=\!\!=\!\!=Fe(CN)_6^{4-}$ | 0.36 |
| $OH^-,MnO_4^-\mid MnO_2\mid Pt$ | $MnO_4^-+2H_2O+3e=\!\!=\!\!=MnO_2+4OH^-$ | 0.57 |
| $H^+,C_6H_4O_2\mid C_6H_4(OH)_2\mid Pt$ | $C_6H_4O_2+2H^++2e=\!\!=\!\!=C_6H_4(OH)_2$ | 0.6994 |
| $Fe^{3+},Fe^{2+}\mid Pt$ | $Fe^{3+}+e=\!\!=\!\!=Fe^{2+}$ | 0.771 |
| $2Hg^{2+},Hg_2^{2+}\mid Pt$ | $2Hg^{2+}+2e=\!\!=\!\!=Hg_2^{2+}$ | 0.910 |
| $Tl^{3+},Tl^+\mid Pt$ | $Tl^{3+}+2e=\!\!=\!\!=Tl^+$ | 0.910 |
| $Pb^{2+},PbO_2\mid Pb$ | $PbO_2+4H^++2e=\!\!=\!\!=Pb^{2+}+2H_2O$ | 1.456 |
| $Ce^{4+},Ce^{3+}\mid Pt$ | $Ce^{4+}+e=\!\!=\!\!=Ce^{3+}$ | 1.61 |
| $Pb\mid PbO_2\mid PbSO_4\mid SO_4^{2-}$ | $PbO_2+4H^++SO_4^{2-}+2e=\!\!=\!\!=PbSO_4+2H_2O$ | 1.685 |
| $Co^{3+},Co^{2+}\mid Pt$ | $Co^{3+}+e=\!\!=\!\!=Co^{2+}$ | 1.84 |

| 序号 | 名称 | 符号 | 相对原子质量 |
|------|------|------|--------------|
| 1 | 氢 | H | 1.00794 |
| 2 | 氦 | He | 4.00260 |
| 3 | 锂 | Li | 6.941 |
| 4 | 铍 | Be | 9.01218 |
| 5 | 硼 | B | 10.811 |
| 6 | 碳 | C | 12.0107 |
| 7 | 氮 | N | 14.0067 |
| 8 | 氧 | O | 15.9994 |
| 9 | 氟 | F | 18.99840 |
| 10 | 氖 | Ne | 20.1797 |
| 11 | 钠 | Na | 22.98977 |
| 12 | 镁 | Mg | 24.3050 |
| 13 | 铝 | Al | 26.98154 |
| 14 | 硅 | Si | 28.0855 |
| 15 | 磷 | P | 30.97376 |
| 16 | 硫 | S | 32.065 |
| 17 | 氯 | Cl | 35.453 |
| 18 | 氩 | Ar | 39.948 |
| 19 | 钾 | K | 39.098 |
| 20 | 钙 | Ca | 40.078 |
| 21 | 钪 | Sc | 44.9559 |
| 22 | 钛 | Ti | 47.867 |
| 23 | 钒 | V | 50.9415 |
| 24 | 铬 | Cr | 51.996 |
| 25 | 锰 | Mn | 54.9380 |
| 26 | 铁 | Fe | 55.845 |
| 27 | 钴 | Co | 58.9332 |
| 28 | 镍 | Ni | 58.6934 |
| 29 | 铜 | Cu | 63.546 |
| 30 | 锌 | Zn | 65.39 |
| 31 | 镓 | Ga | 69.723 |
| 32 | 锗 | Ge | 73.64 |
| 33 | 砷 | As | 74.9216 |
| 34 | 硒 | Se | 78.96 |
| 35 | 溴 | Br | 79.904 |
| 36 | 氪 | Kr | 83.80 |
| 37 | 铷 | Rb | 85.4678 |
| 38 | 锶 | Sr | 87.62 |
| 39 | 钇 | Y | 88.9059 |
| 40 | 锆 | Zr | 91.224 |
| 41 | 铌 | Nb | 92.9064 |
| 42 | 钼 | Mo | 95.94 |
| 43 | 锝 | Tc | 97.99 |
| 44 | 钌 | Ru | 101.07 |
| 45 | 铑 | Rh | 102.9055 |
| 46 | 钯 | Pd | 106.42 |
| 47 | 银 | Ag | 107.868 |
| 48 | 镉 | Cd | 112.411 |
| 49 | 铟 | In | 114.818 |
| 50 | 锡 | Sn | 118.710 |
| 51 | 锑 | Sb | 121.760 |
| 52 | 碲 | Te | 127.60 |
| 53 | 碘 | I | 126.9045 |
| 54 | 氙 | Xe | 131.293 |

| 序号 | 名称 | 符号 | 相对原子质量 |
|---|---|---|---|
| 55 | 铯 | Cs | 132.9054 |
| 56 | 钡 | Ba | 137.327 |
| 57 | 镧 | La | 138.9055 |
| 58 | 铈 | Ce | 140.116 |
| 59 | 镨 | Pr | 140.9077 |
| 60 | 钕 | Nd | 144.24 |
| 61 | 钷 | Pm | 147 |
| 62 | 钐 | Sm | 150.36 |
| 63 | 铕 | Eu | 151.964 |
| 64 | 钆 | Gd | 157.25 |
| 65 | 铽 | Tb | 158.9253 |
| 66 | 镝 | Dy | 162.50 |
| 67 | 钬 | Ho | 164.9303 |
| 68 | 铒 | Er | 167.259 |
| 69 | 铥 | Tm | 168.9342 |
| 70 | 镱 | Yb | 173.04 |
| 71 | 镥 | Lu | 174.967 |
| 72 | 铪 | Hf | 178.49 |
| 73 | 钽 | Ta | 180.9479 |
| 74 | 钨 | W | 183.84 |
| 75 | 铼 | Re | 186.207 |
| 76 | 锇 | Os | 190.23 |
| 77 | 铱 | Ir | 192.217 |
| 78 | 铂 | Pt | 195.078 |
| 79 | 金 | Au | 196.9665 |
| 80 | 汞 | Hg | 200.59 |
| 81 | 铊 | Tl | 204.3833 |
| 82 | 铅 | Pb | 207.2 |
| 83 | 铋 | Bi | 208.9804 |
| 84 | 钋 | Po | 209.210 |
| 85 | 砹 | At | 210 |
| 86 | 氡 | Rn | 222 |
| 87 | 钫 | Fr | 223 |
| 88 | 镭 | Ra | 226 |
| 89 | 锕 | Ac | 227 |
| 90 | 钍 | Th | 232.0381 |
| 91 | 镤 | Pa | 231.03588 |
| 92 | 铀 | U | 238.02891 |
| 93 | 镎 | Np | 237 |
| 94 | 钚 | Pu | 239.244 |
| 95 | 镅 | Am | 243 |
| 96 | 锔 | Cm | 247 |
| 97 | 锫 | Bk | 247 |
| 98 | 锎 | Cf | 251 |
| 99 | 锿 | Es | 252 |
| 100 | 镄 | Fm | 257 |
| 101 | 钔 | Md | 258 |
| 102 | 锘 | No | 259 |
| 103 | 铹 | Lr | 260 |

附表 5　常见的物理化学常数

| 常数 | 数值 |
|---|---|
| Avogadro 常数 | $N_A = 6.0222 \times 10^{23} \, mol^{-1}$ |
| 光速(真空中) | $c = 2.997925 \times 10^8 \, m/s$ |
| 电子质量 | $m_e = 0.91 \times 10^{-30} \, kg$ |
| Faraday 常数 | $F = 96485 \, C/mol$ |
| Planck 常数 | $h = 6.626 \times 10^{-34} \, J/s$ |
| Boltzmann 常数 | $k_B = 1.3086 \times 10^{-23} \, J/K$ |
| 摩尔气体普适常数 | $R = 8.314 \, J/(K \cdot mol)$ |
| 标准大气压 | $p^{\ominus} = 100 \, kPa$ |
| 绝对零度 | $-273.15 \, ℃$ |
| 真空介电常数 | $\varepsilon_0 = 8.854187817 \times 10^{-12} \, F/m$ |
| 基本电荷 | $e = 1.60 \times 10^{-19} \, C$ |

# 参考文献

[1]　肖衍繁，李文斌. 物理化学［M］. 天津：天津大学出版社，2004.

[2]　颜肖慈，罗明道. 物理化学［M］. 武汉：武汉大学出版社，1995.

[3]　苏克和，胡小玲. 物理化学［M］. 西安：西北工业大学出版社，2004.

[4]　杜青枝，杨继舜. 物理化学［M］. 重庆：重庆大学出版社，1997.

[5]　刘冠昆. 物理化学［M］. 广州：中山大学出版社，2000.

[6]　石朝周. 物理化学［M］. 北京：中国医药科技出版社，2002.

[7]　范康年. 物理化学［M］. 第 2 版. 北京：高等教育出版社，2005.

[8]　马青兰. 物理化学［M］. 徐州：中国矿业大学出版社，2002.

[9]　王险峰. 物理化学［M］. 南京：东南大学出版社，2006.

[10]　万洪文，詹正坤. 物理化学［M］. 北京：高等教育出版社，2002.

[11]　邵光杰. 物理化学［M］. 哈尔滨：哈尔滨工业大学出版社，2002.

[12]　李西平，司云森. 物理化学［M］. 昆明：云南大学出版社，2006.

[13]　朱灵峰，路福绥. 物理化学［M］. 北京：中国农业出版社，2003.

[14]　王淑兰. 物理化学［M］. 第 3 版. 北京：冶金工业出版社，2007.

[15]　许金镒. 物理化学［M］. 北京：北京医科大学、中国医科大学联合出版社，2002.

[16]　张玉军. 物理化学［M］. 郑州：郑州大学出版社，2007.

[17]　夏海涛. 物理化学［M］. 哈尔滨：哈尔滨工业大学出版社，2005.

[18]　陈丙义，郑海金. 物理化学［M］. 武汉：武汉理工大学出版社，2003.

[19]　崔黎丽，刘毅敏. 物理化学［M］. 北京：科学出版社，2011.

[20]　刘幸平. 物理化学［M］. 武汉：华中科技大学出版社，2010.

[21]　邓基芹. 物理化学［M］. 北京：冶金工业出版社，2007.

[22]　张春烨，赵谦. 物理化学实验［M］. 南京：南京大学出版社，2003.

[23]　郑传明，吕桂琴. 物理化学实验［M］. 北京：北京理工大学出版社，2005.

[24]　张师愚，杨慧森. 物理化学［M］. 北京：科学出版社，2002.